市場營銷學
實訓教程

任文舉、邵文霞、夏玉林 ○主編

財經錢線

前　言

近年來,隨著經濟形勢的變化,消費市場的潛力挖掘和轉型升級迫在眉睫,龐大的市場和激烈的競爭導致對市場營銷人才的需求越來越大。從大學畢業生實際的就業現狀來看,不光是營銷類專業畢業生,很多其他專業畢業生從事的第一職業就是營銷或與營銷相關的工作。但從企業人才使用反饋情況看,大多數畢業生的理論結構和技能結構還不能滿足企業需要,理論知識偏多,技能知識偏少;論知識中的專業知識不夠深入,技能知識中的專業技能比較缺乏。

本書力求在編寫過程中達到思路創新、內容新穎、模式轉型、應用加強、規範科學等目標。編者在長期教學過程中累積了大量教學經驗和素材,參閱和借鑑了大量市場營銷相關的理論和實訓教材,通過主持各類企業諮詢和培訓項目、親自到企業實踐、到一些企業參加相關工作獲得了大量教學和職位互動性的實際經驗,通過主持各級教學改革研究課題開拓了課程教學改革和教學模式轉型的創新視野。因此,本書表現出以下幾個方面的特點和創新,並據此提出相應的教學建議。

第一,實訓教學思路創新。本書在實訓教學模式、實訓教學內容、實訓教學過程、學生學習訓練等多方面進行多維度、多視角、多途徑、多方法創新。

第二,實訓教學模式創新。本書在教學全程構建了企業模擬營運實訓基本形式。虛擬企業營銷部門組建的基本形式包括:組建形式、組織架構形式、職位職責設計形式和基於營銷理論的營銷活動開展形式,科學地把重要理論知識點和重要技能訓練點有機融入企業營銷部門的組織架構和活動中,提高學生學習的積極性。教師在讓學生瞭解企業基本知識後,結合學生比較熟悉或知名的企業案例,指導學生模仿這些企業營銷部門的組織架構、職位設置和活動開展,在課堂組建虛擬企業營銷部門。具體示例可參見第一章的營銷技能實訓模塊(模塊C)的實訓項目1:情景模擬訓練——構建模擬企業營銷部門。

第三,實訓教學內容創新。本書每章都包含引入案例模塊(模塊A)、基礎理論概要模塊(模塊B)和營銷技能實訓模塊(模塊C)。引入案例模塊僅僅是對學生學習興趣的引導和知識的導入。基礎理論概要模塊並不追求市場營銷理論知識的大而全,而是對重要的營銷理論和知識點的概要性提示,為營銷技能實訓模塊做好理論準備。營銷技能實訓模塊是本書的重點,每章的營銷技能實訓模塊都包括三個實訓項目,涉

觀念應用訓練、情景模擬訓練、方案策劃訓練和案例分析訓練等。由於傳統的選擇題、判斷題、簡答題和論述題等並不能很好地測試學生營銷技能的掌握程度，本書沒有測試題模塊，而是代之以科學、全面、全程的實訓績效評價來測試學生營銷技能的掌握程度。

　　第四，實訓教學過程創新。每個實訓項目都嚴格按照實訓目標確定、實訓情景設置、實訓內容布置、實訓過程與步驟設計（包括受領實訓任務、必要的理論引導和疑難解答、即時的現場控製等）和實訓績效評價（每個項目單獨進行）的程序展開，力求做到全過程、全方位的學生高度參與和實訓教師科學管理與教學。尤其是實訓績效評價由學生和老師基於科學、全面的實訓報告雙向評價、個體成績和模擬企業成績相結合，獲得多維度的結果指標和多方面的經驗和技能，避免了傳統測試的缺陷。

　　第五，學生學習訓練創新。本書讓學生構建虛擬企業營銷部門，在教學全過程都以企業模擬營運實訓的基本形式進行。學生除了個人學習訓練之外，還有團隊學習訓練，極大地提高學生自我學習能力和團隊合作能力。本書鼓勵學生自己組建企業團隊去聯繫有意向的企業或組織，把問題帶到實踐中去思考，或把他們的案例帶回課堂分析研究；同時，也鼓勵學生在課外的各種兼職、創業實踐活動中也以自己組建的企業團隊方式進行。

　　鑒於編者的水平和能力有限，書中不妥的地方和有待創新之處敬請讀者和同行們不吝賜教，以便進一步完善和提高。

編者

目 錄

第一章　認識市場及市場營銷 (1)
模塊 A　引入案例 (1)
模塊 B　基礎理論概要 (4)
模塊 C　營銷技能實訓 (7)
實訓項目 1：情景模擬訓練——構建模擬企業營銷部門 (7)
實訓項目 2：觀念應用訓練——把梳子賣給和尚 (9)
實訓項目 3：方案策劃訓練——男性美容院 (11)

第二章　市場營銷環境分析實訓 (13)
模塊 A　引入案例 (13)
模塊 B　基礎理論概要 (17)
模塊 C　營銷技能實訓 (22)
實訓項目 1：觀念應用訓練——緊盯客戶是不夠的 (22)
實訓項目 2：方案策劃訓練——周邊商業的環境 SWOT 分析 (23)
實訓項目 3：情景模擬訓練——環境分析與應對 (24)

第三章　消費者購買行為實訓 (26)
模塊 A　引入案例 (26)
模塊 B　基礎理論概要 (31)
模塊 C　營銷技能實訓 (38)
實訓項目 1：情景模擬訓練——顧客投訴應對 (38)
實訓項目 2：觀念應用訓練——消費者的選擇 (39)
實訓項目 3：能力拓展訓練——人物描述 (41)

第四章　市場營銷調研與預測實訓 (43)
模塊 A　引入案例 (43)

模塊 B　基礎理論概要 …………………………………………………… (46)
　　模塊 C　營銷技能實訓 …………………………………………………… (64)
　　　　實訓項目 1：方案策劃訓練——擬訂調查方案 ………………………… (64)
　　　　實訓項目 2：方案策劃訓練——設計調查問卷 ………………………… (65)
　　　　實訓項目 3：方案策劃訓練——撰寫調查報告 ………………………… (66)

第五章　市場營銷戰略實訓 …………………………………………………… (68)
　　模塊 A　引入案例 ………………………………………………………… (68)
　　模塊 B　基礎理論概要 …………………………………………………… (71)
　　模塊 C　營銷技能實訓 …………………………………………………… (81)
　　　　實訓項目 1：方案策劃訓練——STP 策劃方案 ……………………… (81)
　　　　實訓項目 2：能力拓展訓練——產品與廣告搭配 ……………………… (82)
　　　　實訓項目 3：情景模擬訓練——電冰箱的市場定位 …………………… (83)

第六章　產品策略實訓 ………………………………………………………… (86)
　　模塊 A　引入案例 ………………………………………………………… (86)
　　模塊 B　基礎理論概要 …………………………………………………… (90)
　　模塊 C　營銷技能實訓 …………………………………………………… (99)
　　　　實訓項目 1：情景模擬訓練——英特爾產品標誌語 …………………… (99)
　　　　實訓項目 2：方案策劃訓練——產品說明書設計訓練 ……………… (101)
　　　　實訓項目 3：能力拓展訓練——新產品開發 ………………………… (103)

第七章　定價策略實訓 ………………………………………………………… (105)
　　模塊 A　引入案例 ………………………………………………………… (105)
　　模塊 B　基礎理論概要 …………………………………………………… (109)
　　模塊 C　營銷技能實訓 …………………………………………………… (117)
　　　　實訓項目 1：觀念應用訓練——價格現象評析 ……………………… (117)
　　　　實訓項目 2：方案策劃訓練——投標說明書設計訓練 ……………… (118)

實訓項目3：情景模擬訓練——商品拍賣 ……………………………………（120）

第八章　分銷策略實訓 ……………………………………………………………（122）
　模塊A　引入案例 ………………………………………………………………（122）
　模塊B　基礎理論概要 …………………………………………………………（124）
　模塊C　營銷技能實訓 …………………………………………………………（132）
　　實訓項目1：情景模擬訓練——手機企業轉型 …………………………………（132）
　　實訓項目2：方案策劃訓練——銷售代理協議書設計訓練 ……………………（134）
　　實訓項目3：情景模擬訓練——渠道的煩惱 ……………………………………（135）

第九章　促銷策略實訓 ……………………………………………………………（137）
　模塊A　引入案例 ………………………………………………………………（137）
　模塊B　基礎理論概要 …………………………………………………………（139）
　模塊C　營銷技能實訓 …………………………………………………………（150）
　　實訓項目1：情景模擬訓練——銷售淡季的促銷 ………………………………（150）
　　實訓項目2：方案策劃訓練——產品促銷方案策劃訓練 ………………………（151）
　　實訓項目3：能力拓展訓練——推銷員和顧客 …………………………………（153）

第十章　市場營銷計劃、執行與控製實訓 ………………………………………（155）
　模塊A　引入案例 ………………………………………………………………（155）
　模塊B　基礎理論概要 …………………………………………………………（158）
　模塊C　營銷技能實訓 …………………………………………………………（163）
　　實訓項目1：情景模擬訓練——大海求生 ………………………………………（163）
　　實訓項目2：方案策劃訓練——市場營銷計劃創作訓練 ………………………（165）
　　實訓項目3：觀念應用訓練——產品用途拓展 …………………………………（166）

第一章　認識市場及市場營銷

實訓目標：

（1）深入理解市場的內涵。
（2）深入理解市場營銷的內涵。
（3）理解市場營銷觀念的發展與演變。
（4）深入理解市場營銷管理的內涵。

模塊 A　引入案例

淘寶網十周年大事記

2003 年，中國人對網上購物已不再陌生。電子商務巨頭美國易貝（eBay）在 2003 年投資 1.8 億美元（約合 14.8 億元人民幣），接管易趣，實現了進軍中國市場的戰略目標。該公司由此在中國網絡購物市場中具有絕對優勢，占據著 90% 以上的市場份額，擁有良好的品牌優勢和用戶基礎。

2003 年

2003 年 5 月 10 日，淘寶網成立，由阿里巴巴集團投資創辦。

2003 年 10 月，淘寶網推出了第三方支付工具「支付寶」，以「擔保交易模式」使消費者對淘寶網上的交易產生信任。

2003 年 12 月 1 日，淘寶喬遷，湖畔時代正式結束，淘寶進入華星時代。

2003 年淘寶網總成交額 3400 萬元。

2004 年

2004 年，淘寶網在競爭對手的封鎖下獲得突破性增長。作為新生事物的淘寶網出奇制勝——沒和易貝爭搶既有存量市場，而是收割瘋狂生長的增量市場，僅僅通過 1 年時間，淘寶網就成了中國網絡購物市場的領軍企業。

2004 年 4 月 5 日，淘寶網、世紀龍信息網絡有限責任公司（21CN）締結盟約聯手打造互聯網購物豪門。

2004 年 6 月，淘寶網推出另一大法寶「阿里旺旺」，將即時聊天工具和網絡購物聯繫起來。阿里旺旺作為細分即時聊天工具，具有整合溝通交流、交易管理等多種功能，其前身是阿里巴巴的貿易通。

2005年

2005年，淘寶網超越易貝，並且開始把競爭對手們遠遠拋在身後。

2005年5月，淘寶網超越日本雅虎，成為亞洲最大的網絡購物平臺。

2005年淘寶網成交額突破80億元，超越沃爾瑪（中國）營業額。

2006年

2006年，中國網民突破1億人，淘寶網穩坐亞洲最大購物網站位置。淘寶網第一次在中國實現了一個可能——互聯網不僅是作為一個應用工具存在，將最終構成人們的生活基本要素。很多都市白領下班後已經不再去周邊商廈逛街購物，而是開始習慣上網「逛街」。「沒有人上街，不等於沒有人逛街」，數據顯示，每天有近900萬人上淘寶網「逛街」。

2007年

2007年，淘寶網不再是一家簡單的拍賣網站，而是亞洲最大網絡零售商圈。這一年，淘寶網全年成交額突破400億元，這400多億元不是消費者間（C2C）創造的，也不是企業對消費者（B2C）創造的，而是由很多種零售業態組成在一起創造出來的。

2007年淘寶網成交額達到433億元，成為中國第二大綜合賣場。

2008年

2008年1月25日，「寶貝傳奇」正式上線，第一期的主題是鼠年剪紙。

2008年2月29日，「財神」正式離開淘寶網進入學習輪休期，「鐵木真」接任淘寶網總裁。

2008年3月8日，淘寶千島湖項目順利發布，打造了用戶中心、交易中心，並把交易核心過程進行重組，全部重寫了代碼。

2008年4月10日，淘寶企業對消費者（B2C）新平臺淘寶商城上線。

2008年4月15日，淘寶「TOP（Taobao Open Platform）V1.0-sandbox」正式發布，打造行業產業鏈。

2008年5月12日，汶川地震捐款平臺上線，共籌得網友捐款超2000萬元。

2008年7月5日，淘寶網舉行了五周年慶典，馬雲代表阿里巴巴集團宣布對淘寶網追加20億元投資。

2008年9月4日，阿里巴巴集團宣布，正式啟動「大淘寶戰略」第一步——旗下淘寶網和阿里媽媽即日起合併發展，共同打造全球最大的電子商務生態體系。

2008年9月，淘寶網單月交易額突破百億元大關。

2008年10月8日，淘寶網總裁陸兆禧在北京宣布，為進一步推進「大淘寶」戰略，阿里巴巴集團未來5年對淘寶網投資50億元人民幣。

2008年12月30日，在淘寶城工地，杭州市委市政府、余杭區委區政府宣布，淘寶城項目正式開工。根據規劃，在未來5年內，將投資13.6億元，在余杭區450畝的土地上建成世界上第一個淘寶城。

2009年

2009年1月13日，淘寶網對外宣布2008年交易額達999.6億元，同比增長131%，已成為中國最大的綜合賣場。

2009年8月21日，阿里巴巴集團宣布，基於大淘寶戰略，將口碑網注入淘寶網。

2009年11月24日，中國東方航空集團攜手阿里巴巴集團共同簽訂戰略合作協議。同時，東航將在淘寶網開啓官方旗艦店，開放全艙位全航段機票在線銷售。

2009年12月15日，淘寶網正式宣布首次推出3款淘寶定制手機。

2009年12月18日，第三屆網貨交易會在成都舉行，目的是打通2300億元網貨內需市場和中西部地區對接管道，幫助中西部地區實現從外銷驅動型到內需拉動型的發展模式轉型，實現新商業文明下中西部地區的崛起。

2009年12月29日，淘寶網與湖南廣電集團旗下國內領先的傳媒娛樂機構湖南衛視在長沙達成戰略合作意向，開創傳統電視與電子商務跨媒體合作的先河。

2010年

2010年1月1日，淘寶網發布全新首頁，新首頁秉持「清晰、精致、迅捷」的原則，強化搜索功能、頁面導航和對新用戶的引導幫助作用。

2010年3月，聚劃算上線，成為淘寶網旗下的團購平臺，主推網絡商品團購。

2010年4月，阿里媽媽變臉為「淘寶聯盟」，成為中國最大的廣告聯盟。

2010年10月底，淘寶旗下的搜索引擎一淘（Etao）正式推出全網搜索，用戶可以選擇從搜狐搜狗（Sogou）或者微軟必應（Bing）上獲取結果。

2010年11月，淘寶商城啓動獨立域名。

2011年

2011年2月28日，淘寶因售賣假貨被美國貿易代表辦公室列入惡名市場。

2011年6月16日，馬雲發出內部郵件，調整淘寶架構，原淘寶網一分為三：一淘網、淘寶網（淘寶集市）和淘寶商城。三家公司獨立營運，分別由彭蕾、陸兆禧、曾鳴負責，共用技術和公共服務平臺。

2011年6月20日，淘寶醫藥館上線，開業18天即關張；12月，淘寶醫藥館再度開張，僅做展示，不出售藥品。

2011年10月12日，淘寶商城發新規清理小賣家引內亂，大賣家遭圍攻。

2011年10月20日，分拆聚劃算，團購業務獨立營運，閻利珉擔任總經理。

2011年10月27日，京東商城、蘇寧易購、當當網先后屏蔽「一淘抓取」。

2011年11月11日，淘寶一日成交額達33.6億元，同比增長259%。

2012年

2012年1月，淘寶商城宣布更改中文名為天貓，加強其平臺的定位。

2012年6月天貓書城正式上線，首期1000多家圖書網店推出的130萬種、6000萬本圖書。圖書市場將面臨新一輪的洗牌。

2012年11月11日，天貓與淘寶兩家網購單日紀錄再次刷新為天貓132億元、淘寶59億元，合計191億元。

2013年

2013年1月，阿里巴巴調整為25個事業部，已經沒有「淘寶」字眼。淘寶作為大寶體，已經拆成更小的事業部，分別是類目營運事業部、數字業務事業部、綜合業務事業部、消費者門戶事業部和互動業務事業部。

2013年4月29日，阿里巴巴通過其全資子公司阿里巴巴（中國）以5.86億美元（約合36.22億元人民幣）購入新浪微博公司發行的優先股和普通股，占新浪微博公司全稀釋攤薄後總股份的約18%，將淘寶電商和社會性網絡服務（SNS）的結合進行到底。

2013年5月10日，淘寶成立十周年。

數據顯示，2013年上半年手機淘寶用戶數突破1億人，淘寶網註冊用戶總數突破4億人，全年淘寶網和天貓總交易額超過1萬億元。

（資料來源：孫杰．淘寶網十周年大事記盤點．http://ec.iresearch.cn/shopping/20130509/199274.shtml．有刪改）

案例思考：

（1）思考市場的巨大力量。
（2）思考中國市場發生的巨大變化。
（3）思考市場營銷的巨大力量。

模塊B 基礎理論概要

一、市場的內涵

市場（Market）起源於古時人類對於固定時段或地點進行交易的場所的稱呼，指買賣雙方進行交易的場所。市場是社會分工和商品經濟發展的必然產物，同時市場在其發育和壯大過程中也推動著社會分工和商品經濟的進一步發展。

市場是商品經濟中生產者與消費者之間為實現產品或服務價值，滿足需求的交換關係、交換條件和交換過程。市場是商品交換的場所，是某種商品的購買者集合，是賣方、買方、競爭者的集合，是利益攸關者的集合。廣義上說，所有產權發生轉移和交換的關係都可以成為市場（吳建安，2011）。簡化的市場系統示意圖如圖1-1所示：

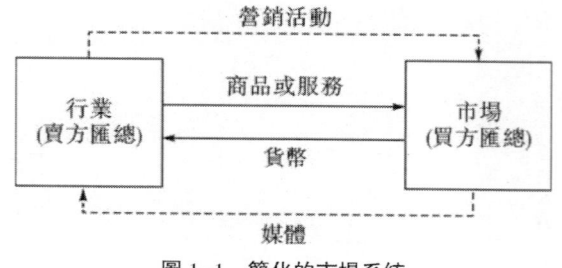

圖1-1 簡化的市場系統

二、市場營銷的內涵

市場營銷（Marketing）的權威定義有美國市場營銷協會和「現代營銷學之父」菲

利普・科特勒的定義。

美國市場營銷協會（American Marketing Association，AMA）對市場營銷的定義：市場營銷是在創造、溝通、傳播和交換產品中，為顧客、客戶、合作夥伴以及整個社會帶來價值的一系列活動、過程和體系。該定義於 2013 年 7 月通過美國市場營銷協會董事會一致審核通過。

菲利普・科特勒（Philip Kotler）對市場營銷的定義：市場營銷是通過創造和交換產品及價值，從而使個人或群體滿足慾望和需求的社會過程和管理過程。

市場營銷的主體可以是個人、組織和其他，最具典型意義的主體是企業。市場營銷的實質是一種社會性的經營管理活動，本質是一種商品交易活動，客體（對象）是市場，媒體是產品或服務，最終目標是滿足個人或群體的慾望和需求，宗旨是通過滿足消費者需要實現企業營利的目的，手段是企業整體性營銷活動，總體原則是等價交換。[①] 市場營銷的核心是交換，是一個主動尋找機會、滿足雙方需求的社會過程和管理過程。交換過程順利進行的條件取決於營銷者創造的產品和價值滿足顧客需求的程度以及對交換過程管理的水平。

三、市場營銷觀念的發展與演變

市場營銷觀念產生於 20 世紀初期的美國。市場營銷觀念是企業組織管理市場營銷活動時的基本指導思想和行為準則的總和，也就是企業的經營哲學，是一種觀念，一種態度，一種企業思維方式。

企業的市場營銷觀念決定了企業如何看待顧客和社會利益，如何處理企業、社會和顧客三方的利益協調問題。企業的市場營銷觀念經歷了從最初的生產觀念、產品觀念、推銷觀念到市場營銷觀念和社會市場營銷觀念的發展和演變過程。真正的營銷觀念形成於第四個階段的市場營銷觀念，這是市場營銷觀念演變進程中的一次重大飛躍。市場營銷觀念的演變過程如表 1-1 所示：

表 1-1　　　　　　　　　　市場營銷觀念的演變

階段		時間	口號
企業利益導向階段	生產觀念	19 世紀末 20 世紀初	我們生產什麼，就賣什麼
	產品觀念	20 世紀 20~30 年代	我們立足生產好東西
	推銷觀念	20 世紀 30~40 年代	我們賣什麼，就讓人們買什麼
顧客利益導向階段	市場營銷觀念	20 世紀 50 年代	顧客需要什麼，我們就生產什麼
社會利益導向階段	社會市場營銷觀念	20 世紀 70 年代	增進顧客和社會的福利

四、市場營銷管理

美國市場營銷協會（AMA）於 2007 年公布了最新的市場營銷管理定義，即市場營

---

① 張衛東. 市場營銷理論與實踐 [M]. 北京：電子工業出版社，2011.

销管理是创造、沟通、传递、交换对顾客、客户、合作伙伴和整个社会具有价值的提供物的一系列活动、组织、制度和过程。

市场营销管理的基本任务是通过营销调研、计划、执行与控制来管理和调节目标市场的需求水平、时机和性质，以实现企业的营销目标。

市场营销管理的本质是需求管理。需求的状态具有很大的不稳定性和不确定性，如图1-2所示，各种需求状态的特征及相应的市场营销管理任务和措施如表1-2所示：

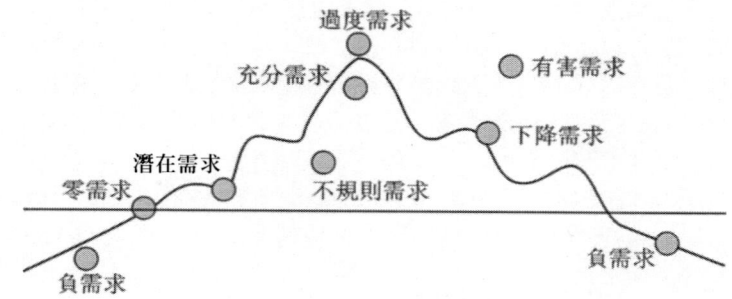

图1-2　需求的状态和性质

表1-2　　　　　　　　　　　市场营销管理任务表

需求状态	需求特征	任务	措施
负需求	厌恶、回避	转变营销	转变观念、培养习惯、重新设计产品
零需求	漠不关心	激发营销	消费者教育、引导需求、激发需求
潜在需求	暂不具备满足条件	开发营销	创设条件、消除壁垒、降低门槛
不规则需求	供求时空上不协调	协调营销	差别定价、促销协调、区别对待
充分需求	供求基本平衡	维持营销	保证质量、维持充分、延长寿命
过度需求	远远供不应求	限制营销	提高价格、减少促销、增加供给
下降需求	呈下降趋势需求	重振营销	促销激励、产品开发、激发人气
有害需求	有害社会或个人	反营销	劝说引导、资格认证、身份限制

五、市场营销核心概念

（一）需要、欲望与需求

需要（Needs）是指没有得到满足而产生的客观感受。欲望（Wants）是指为了得到满足而对具体物品的需要。需求（Demands）是指有货币支付能力的欲望，即具有购买意向、支付能力的具体物的需要。

（二）交换与交易

交换（Exchange）是通过向市场提供他人所需所欲之物作为回报，以获取自己所需所欲之物的过程。交易（Transaction）是交换活动的基本单元，由双方之间的价值交

換構成的行為，涉及兩種以上有價之物、協議一致的條件、時間和地點等。

(三) 產品、供應品與品牌

產品（Product）是指任何能用以滿足人類某種需要或慾望的東西，包括產品實體、服務和創意等方面。供應品（Offering）是指一系列能滿足需求利益的集合，主要包括商品、服務、事件、體驗、人物、地點、財產權、組織、信息和觀念等。品牌（Brand）是一個名稱、名詞、符號或設計，或者是它們的組合，其目的是識別某個銷售者或某群銷售者的產品或勞務，並使之同競爭對手的產品和勞務區別開來。

(四) 顧客價值與顧客滿意

顧客價值（Value）是指顧客從擁有和使用某產品中所獲得的價值與為取得該產品所付出的成本之差。顧客滿意（Satisfaction）取決於消費者所感覺到一件產品的效能與其期望值進行比較。

(五) 市場營銷組合

市場營銷組合是指企業為實現預期目標，將營銷中的可控因素進行有機組合（尼爾·鮑頓，1950；杰羅姆·麥卡錫，1960）。

模塊 C　營銷技能實訓

實訓項目 1：情景模擬訓練——構建模擬企業營銷部門

1. 實訓目標
(1) 對企業的營銷部門設置有初步的感性認識；
(2) 通過模擬企業營銷部門完成各項任務，加深對營銷活動與過程的認識；
(3) 加強對實踐實訓的教師教學控制和學生自我控制。
2. 實訓情景設置
(1) 把班級按模擬企業營銷部門進行分組；
(2) 模擬企業營銷部門運行情景；
(3) 基於企業模擬的任務設置。
3. 實訓內容
企業營銷部門簡化結構示例如圖 1-3 所示：

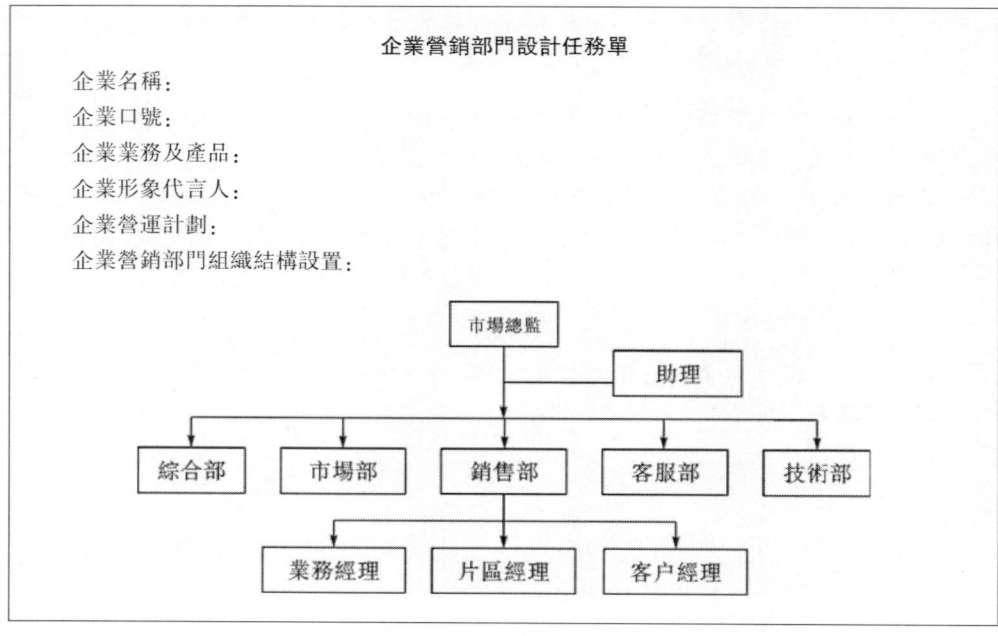

圖1-3　企業營銷部門簡化結構示例

4. 實訓過程與步驟

（1）以自願的原則選出每個模擬企業的負責人（營銷總監）；

（2）由營銷總監負責完成模擬企業營銷部門組建，每個企業6~8人為宜；

（3）完成企業營銷部門設計任務單，一式兩份，企業保留一份，提交實訓教師一份；

（4）必要的理論和操作方面的引導和疑難解答；

（5）即時的現場控製；

（6）任務完成時的實訓績效評價。

5. 實訓績效

_____實訓報告
第_____次市場營銷實訓

實訓項目：_____
實訓名稱：_____
實訓導師姓名：_____；職稱（位）：_____；單位：校內□ 校外□
實訓學生姓名：_____；專業：_____；班級：_____
實訓學期：_____；實訓時間：_____；實訓地點：_____
實訓測評：

評價項目	教師評價	得分	學生自評	得分
任務理解（20分）				
情景設置（20分）				
操作步驟（20分）				
任務完成（20分）				
訓練總結（20分）				

教師評價得分：_____　學生自評得分：_____　綜合評價得分：_____
實訓總結：
獲得的經驗：_____
_____

存在的問題：_____
_____

提出的建議：_____

實訓項目2：觀念應用訓練——把梳子賣給和尚

1. 實訓目標
（1）通過案例分析深入理解市場的內涵及作用；
（2）通過案例分析深入理解市場營銷的內涵及作用；
（3）通過案例分析深入理解需求及需求管理。
2. 實訓情景設置
（1）按模擬企業分組進行；
（2）每個企業模擬不同的案例情景；
（3）發現現實市場中的相似情景。
3. 實訓內容
　　某公司招聘營銷人員，主考官給眾多求職者出了一道實踐題目：給大家一批木梳，如何盡量多的把梳子賣給和尚。
　　出家人剃度為僧，木梳何用？眾多應聘者疑惑不解，認為主考官是在開玩笑或是

神經錯亂，都非常不滿地拂袖而去。最后只剩下甲、乙、丙三個人。

主考官向三人交代：這批木梳數量不限，任由自取，每個人分頭推銷，賣得越多越好，以10日為限，回來向主考官報告銷售情況，公司將擇優錄取。

10天一到，甲、乙、丙三個人都回來了，向主考官報告銷售情況。

甲賣出了1把，並講述了經歷的辛苦。甲跑了3座寺院，遊說和尚應當買把梳子，無甚效果，還慘遭一些和尚的責罵和追打，真是倒霉透頂了。幸好在下山途中遇到一個小和尚一邊曬太陽，一邊使勁撓著頭皮。甲靈機一動，遞上木梳，小和尚用后滿心歡喜，於是買下一把。

乙賣出了10把，並不無得意地介紹了自己的推銷方法。乙去了一座位於高山之巔的名山古寺，那裡香客很多。長途跋涉和山風吹拂，進香者的頭髮都被吹亂了。乙找到寺院的住持說：「香客一心敬佛，蓬頭垢面是對佛的不敬。應在每座香案前放把木梳，供善男信女在拜佛前先梳理頭髮。」住持採納了他的建議。那座廟有10座香案，於是住持買下了10把木梳。

丙賣出了1000把，並十分平靜和清晰地向主考官匯報了銷售情況。丙到了一個頗具盛名、香火極旺的深山寶剎，朝聖者、施主絡繹不絕。丙在佛殿之前凝思片刻，找到住持，並擺起了「龍門陣」：「凡來進香參觀者，多虔誠祈求保佑，慷慨施捨。寶剎應回贈其佛家吉祥物以做紀念，保佑其平安吉祥，鼓勵其多做善事，並擴大寺廟的影響，一舉多得。木梳作用於頭部，乃理想的吉祥之物，刻上『積善梳』三個字，再加上大師飄逸的書法，定大受歡迎。」住持聞言大喜，立即買下1000把木梳。得到「積善梳」的施主與香客也很是高興，一傳十、十傳百，朝聖者更多了，寺廟香火更旺。主持還約請丙下周再送一批木梳來。

公司認為，三個應考者代表著營銷工作中三種類型的人員，各有特點。甲是一位執著型推銷人員，有吃苦耐勞、鍥而不捨、真誠感人的優點；乙具有善於觀察事物和推理判斷的能力，能夠站在客戶服務的角度，因勢利導地實現銷售；丙通過對目標人群的分析研究，最后站在客戶利益的角度，大膽創意、有效策劃，開發了一種新的市場需求。公司決定聘請甲、乙兩位應聘者為一般營銷人員；由於丙過人的智慧，公司決定聘請他為市場部主管。

（資料來源：張衛東. 市場營銷理論與實踐［M］. 北京：電子工業出版社，2011. 有刪改）

問題：（1）該案例中的產品市場是否存在？

（2）該案例中的產品的需求是否存在？存在的狀態如何？

（3）怎樣通過該案例說明市場營銷的力量？

4. 實訓過程與步驟

（1）每個企業受領實訓任務；

（2）講解案例分析的方法與要領；

（3）必要的理論引導和疑難解答；

（4）即時的現場控製；

（5）任務完成時的實訓績效評價。

5. 實訓績效

```
_____實訓報告
第_____次市場營銷實訓
```

實訓項目：_____
實訓名稱：_____
實訓導師姓名：_____；職稱（位）：_____；單位：校內□ 校外□
實訓學生姓名：_____；專業：_____；班級：_____
實訓學期：_____；實訓時間：_____；實訓地點：_____
實訓測評：

評價項目	教師評價	得分	學生自評	得分
任務理解（20分）				
情景設置（20分）				
操作步驟（20分）				
任務完成（20分）				
訓練總結（20分）				

教師評價得分：_____ 學生自評得分：_____ 綜合評價得分：_____
實訓總結：
獲得的經驗：_____

存在的問題：_____

提出的建議：_____

實訓項目3：方案策劃訓練——男性美容院

1. 實訓目標
（1）通過方案策劃深入理解需求及需求管理的內涵；
（2）初步瞭解營銷策劃及營銷策劃書；
（3）初步瞭解創業計劃及創業計劃書。
2. 實訓情景設置
（1）按模擬企業分組進行；
（2）每個企業模擬不同市場的策劃情景。
3. 實訓內容
男性美容院在中國一直得不到快速發展，請分析原因，並結合市場和市場營銷相關知識，策劃一個將男性消費者對美容產品和服務無需求或負需求狀態轉變為高需求狀態的方案，並最終形成一份簡要的創業計劃（概要性說明，1000字左右）。

4. 實訓過程與步驟
(1) 每個企業受領實訓任務；
(2) 講解營銷策劃和創業計劃的方法與要領；
(3) 必要的理論引導和疑難解答；
(4) 即時的現場控製；
(5) 任務完成時的實訓績效評價。
5. 實訓績效

_____實訓報告
第_____次市場營銷實訓

實訓項目：_____
實訓名稱：_____
實訓導師姓名：_____；職稱（位）：_____；單位：校內□ 校外□
實訓學生姓名：_____；專業：_____；班級：_____
實訓學期：_____；實訓時間：_____；實訓地點：_____
實訓測評：

評價項目	教師評價	得分	學生自評	得分
任務理解（20分）				
情景設置（20分）				
操作步驟（20分）				
任務完成（20分）				
訓練總結（20分）				

教師評價得分：_____ 學生自評得分：_____ 綜合評價得分：_____
實訓總結：
獲得的經驗：_____
_____
存在的問題：_____
_____
提出的建議：_____
_____

第二章　市場營銷環境分析實訓

實訓目標：

（1）深入理解市場營銷環境綜合模型。
（2）深入理解和應用市場營銷宏觀環境及其分析。
（3）深入理解和應用市場營銷環境綜合分析方法。

模塊 A　引入案例

「都是 PPA 惹的禍」

　　幾年前，「早一粒、晚一粒」曾是國人耳熟能詳的廣告，而康泰克也因為服用頻率低、治療效果好而成為許多人感冒時的首選藥物。可自從 2000 年 11 月 16 日國家藥監局負責人緊急召開記者會，告誡患者立即停止服用所有含 PPA 的藥品制劑以來，包括康泰克在內的 15 種「禁藥」頃刻間從藥店貨架上消失。人們突然懷著懷疑和恐懼的心理對待該藥，這一切都源於康泰克所含有的一種 PPA 成分。PPA 是苯丙醇胺的英文縮寫，是一種血管收縮和中樞神經系統興奮藥，是感冒咳嗽藥處方成分之一。事實上，早在 20 多天前，PPA 就已在美國引起恐慌。於是有人大發感慨：「都是 PPA 惹的禍！」那麼，事實果真如此嗎？

耶魯報告激起千層浪

　　2000 年 10 月 19 日，美國食品藥品監督管理局（FDA）一個顧問委員會緊急建議：應把 PPA 列為「不安全」類藥物嚴禁使用，因為一項研究結果表明，服用含有 PPA 制劑，容易引起過敏、心律失常、高血壓、急性腎衰、失眠等嚴重不良反應，甚至可能引發心臟病和中風。

　　早在 5 年前，耶魯大學的專家就開始進行一項「出血性中風課題」研究，旨在搞清楚人們廣泛使用的感冒藥和減肥藥中的 PPA 成分是否可能導致出血性中風（或稱腦溢血）。PPA 在治療感冒、咳嗽的非處方類藥品的成分中最為常見，而 PPA 更是美國批准的唯一一種非處方類減肥藥。因此，如果美國食品藥品監督管理局聽從了這一建議，決定禁售相關藥品，那麼包括生產康泰克在內的許多制藥公司，無疑將受到沉重打擊。

　　專家經過對近 2100 名 18~19 歲成年男女進行對比調查和長達 5 年的跟蹤研究，耶魯大學醫學院報告指出：有病例顯示，服用含有 PPA 藥物的病人容易發生腦中風。在

研究期內服用含PPA藥品的病人，比服用其他藥物的病人患腦中風的機會高出23%；服用含PPA的控制食欲類藥物（即某些減肥藥）的婦女，患腦中風的機會增加了16倍。

耶魯大學的研究結果引起了美國公眾極大關注，並終於導致2000年11月6日，美國食品藥品監督管理局要求全美國藥廠、藥店停止生產和銷售含PPA成分的藥品，同時緊急告誡公眾不要購買含有PPA成分的感冒藥和減肥藥。

全球感冒藥「著了涼」

美國食品藥品監督管理局的決定猶如一枚重磅炸彈，禁藥潮迅速涉及全世界。

在美國，禁藥第二天新藥已上市。在耶魯大學報告提出的第二天，美國各大制藥公司便迅速採取措施，尋找PPA的代用品。一些「料事如神」的公司竟然同步推出了新藥。美國制藥公司反應之快的確令人咋舌，包括「迪米塔普」、「康特里克斯」在內的著名制藥公司，已於2000年10月20日開始推銷不含PPA的感冒、咳嗽類藥。據這些公司的內部人士透露，事實上各大公司都知道耶魯大學一個研究小組在對PPA進行研究，為防萬一，都在暗中研製不含PPA的新藥，一旦禁止使用PPA，可以立即把新藥推向市場。一些律師指出，雖然含有PPA的藥品只占各大制藥公司產品的很小一部分，但是由於涉及健康問題，因此很有必要問一問：這些制藥公司是否早就知道或者應該知道PPA對人體的危害。如果這些公司知道或應該知道，那麼無論在美國的哪個州，這都是一種過失。如果他們知道而沒有告訴大眾，就可以認定是故意過失，將意味著應受懲罰。

在墨西哥，部長呼籲禁藥。墨西哥藥品市場上暢銷抗感冒藥很多是從美國進口或從中美洲國家走私而來。美國宣布禁藥后的幾天，不少感冒患者寧願忍受高燒不退或咳嗽不止的痛苦，也不敢使用任何一種抗感冒藥，許多醫院和藥店紛紛向廠家退貨，廠家和銷售商損失慘重。據墨西哥衛生部門統計，在墨西哥藥品市場上銷售的53種國產和進口的抗感冒藥都含PPA成分。衛生部長何塞·安東尼奧於2000年11月9日做出暫時禁止進口抗感冒藥品的決定。

在英國，緊急調查。2000年11月10日，英國衛生部下令緊急調查PPA。不過英國並未仿效美國做法對此種藥品發出禁令。為了緩解百姓擔憂，英國衛生部門試圖淡化PPA與中風的必然聯繫，聲稱目前並沒有足夠證據表明PPA可能導致中風，只是有可能加大中風的危險性和可能性。儘管如此，衛生部還是列出了包括康泰克在內的14種含有PPA成分的藥品名稱，並警告說PPA的每日攝入量不得超過100毫克，患有高血壓、甲狀腺功能亢進、心臟病的患者嚴禁服用含PPA成分的感冒藥。

在日本，公眾反應激烈。據日本厚生省公布的數字，市面上銷售的感冒藥、鼻炎藥和止咳藥中有65種含有PPA。2000年11月7日，《讀賣新聞》等媒體迅速向社會公布這些藥物名稱，以提醒公眾在選擇藥物時注意安全。厚生省表示暫不準備採取回收行動，原因是在日本這種成分只被許可用於感冒藥。不過日本公眾做出了與政府不同的反應，許多感冒患者開始拒絕服用含有PPA成分的抗感冒藥。

新加坡衛生部於2000年11月10日要求所有藥品公司停止批發並收回所有含PPA成分的藥品。針對有人對過去曾服用感冒藥和減肥藥的擔心，新加坡衛生部表示，感

冒藥和減肥藥中的PPA成分很快就會被排出體外，不會對人體造成長期危害。

馬來西亞衛生部於2000年11月11日宣布，從當天起馬來西亞暫停銷售並收回市場上含有PPA成分的47種感冒藥。

席捲世界的全球禁藥多米諾骨牌終於推到中國，2000年11月16日，國家藥監局負責人緊急告誡病患者，立即停止服用所有含PPA成分的藥品制劑。國家藥品不良反應監測中心提供的現有統計資料及有關資料顯示，服用含PPA的藥品制劑后易出現嚴重不良反應，如過敏、心律失常、高血壓、急性腎衰、失眠等症狀，表明此類藥品制劑存在不安全問題。為保證人民用藥安全有效，國家藥監局要求立即暫停使用和銷售所有含PPA的藥品制劑，同時暫停國內含PPA的新藥、仿製藥、進口藥的審批工作。同時，各大媒體公布了國內含PPA的藥品制劑品種名單。

在該名單裡，康泰克和康必得是最負盛名的感冒藥品牌，其生產廠家中美史克一下成為媒體關注的焦點。在禁藥令后的記者招待會上，面對記者不停地追問，中美史克老總楊偉強多次重申：「國家藥監局的一切決定，中美史克都服從。中美史克在中國的土地上生活，一切聽中國政府的安排，作為一個企業一定要支持國家的決定。」接著，中美史克在媒體上發布了關於PPA問題的聲明。聲明重申：「獲悉國家藥監局的這一決定后，我公司深為關注，本著關心消費者健康的宗旨，我公司已經採取措施積極回應國家藥監局的通告精神，我公司願意全力配合國家藥政部門的有關后續工作，並靜候國家藥品監督管理局的最后裁決。」中美史克在國家藥監局發出通知的第二天就停止了銷售，同時康泰克與康必得進入了停產的程序。據業內人士估計，以中美史克以往的銷量和售價估算，中美史克由於禁藥有可能損失人民幣6億元左右。

由於占據感冒藥銷售繁頭的康泰克被封殺出局，這對素來重視生產純天然綠色藥物的民族藥業及其產品如白加黑、康威雙效、三九感冒靈等品牌無疑是利好消息，康泰克下了架，一些藥廠便抓住了機會。例如，999感冒靈打出耐人尋味的廣告詞「關鍵時刻，表現出色」；中美上海施貴寶做出「百服寧感冒咳和退燒止痛系列產品沒有PPA」的聲明。這些廠家借助媒體宣傳其安全性和可靠性，從而在2000年冬季進一步占據了大量的市場份額。據業內人士分析，由於以康泰克為首的一些感冒藥因不符合有關規定而被禁止銷售，感冒藥市場立刻出現巨大的市場空間，這一空間估計為每年20億元的銷售額。

中美史克「危機公關」

由於康泰克被醒目地綁上媒體的第一審判臺，在很多媒體上都可以看到PPA等於康泰克或者將二者相提並論的現象。於是，一場關係康泰克生產廠家中美史克企業形象及其他產品市場命運的危機來臨了。

2000年11月16日，中美史克接到天津市衛生局傳真，要求立即暫停使用含PPA成分藥物，康泰克和康必得並列政府禁止令榜首，危機由此開始。中美史克在接到通知后，立即組織專門的危機管理小組，並將職責劃分為危機管理領導小組、溝通小組、市場小組和生產小組。危機管理領導小組的職責是確定對危機的立場基調，統一口徑，以免引起局面混亂，並協調各小組工作；溝通小組負責內外部信息溝通，是公司所有信息的發布者；市場小組負責加快新產品開發；生產小組負責組織調整生產並處理正

在生產線上的中間產品。危機管理小組配備了強大的人力資源，主要部門負責主管由10位公司經理組成，10餘名工作人員負責協調、跟進。2000年11月16日上午危機管理小組發布了危機公關綱領：執行政府暫停令，暫停康泰克和康必得的生產和銷售；通知經銷商和客戶立即停止康泰克和康必得的銷售，取消相關合同；停止廣告宣傳和市場推廣活動。當日，危機公關綱領在悄然有序地執行著，但多數員工特別是一線員工並不清楚發生了什麼。當日傍晚，中央電視臺播發了政府禁藥令，各大媒體也開始了廣泛宣傳，大多數公眾知道了「禁止PPA的政府令」，「抵制PPA」的公眾輿論開始形成並產生影響。2000年11月17日上午，越來越多的公司員工開始嘀咕：「企業怎麼辦？我們怎麼辦？會不會因此而裁員？」員工心態產生浮躁。當日中午，中美史克公司召開全體員工大會，總經理向員工通報了事情的來龍去脈，並以《給全體員工的一封信》書面形式給每一位員工承諾不會裁員。企業推心置腹、坦誠相見和誠摯果斷的決心打動了員工，很多人為之流淚，大會在全體員工高唱《團結就是力量》這首傳統歌曲中結束。中美史克公司向員工傳遞了正確、及時的信息，通報了公司的舉措和進展，以此贏得了員工空前一致的團結，在企業內部贏得積極反應。同日，全國各地50多位銷售經理被迅速召回天津總部，危機管理小組深入其中做思想工作，為他們解開心結，以保障企業危機應對措施有效執行。2000年11月18日，他們帶著中美史克《給醫院的信》、《給客戶的信》迴歸本部，應急行動綱領在全國各地按部就班地展開。

為了更好地服務客戶和消費者，中美史克公司專門培訓了數十名專職接線員，負責接聽來自客戶、消費者的問訊電話，並做出準確、專業的回答，使之打消疑慮。2000年11月21日，15條消費者熱線全面開通。為了以正視聽，避免不必要的麻煩，2000年11月20日，中美史克公司在北京召開了新聞媒介懇談會，總經理回答了記者的提問，強調了不停止投資和無論怎樣都要維護廣大群眾的健康是中美史克自始至終堅持的原則，將在國家藥品監督部門得出關於PPA的研究論證結果後為廣大消費者提供一個滿意的解決辦法的立場態度和決心。同時，面對新聞媒體的不公正宣傳，中美史克並沒有過多追究，只是盡力爭取媒體的正面宣傳以維繫企業形象，其總經理頻頻接受國內知名媒體的專訪，爭取給中美史克說話的機會。對於暫停令後同行的大肆炒作和攻擊行為，中美史克公司保持了應有的冷靜，既未反駁也沒有說一句對競爭對手不利的話，表現了一個成熟企業對待競爭對手的最起碼的態度與風度。經過上下一致地努力，終於取得了不凡的效果，中美史克並沒有因為康泰克和康必得的問題影響到其他產品的正常生產和銷售。用《天津日報》記者的話說：「面對危機，管理正常、生產正常、銷售正常，一切都正常。」隨著時間的推移，PPA風波的影響漸漸遠去，中美史克也逐步走出陰影。

結語

中美史克在這場PPA風波中的表現應該說是上乘的，其公開的表態很有道理和說服力，易於贏得各方支持，也體現了一個國際化大公司所應當具有的水平。其實，危機公關並沒有太多玄奧，關鍵在於企業是否真正把消費者當做上帝來看待，是否用心地為消費者服務，是否敢於或勇於承擔責任。其實在很多情況下公眾所要求的也正是這些，他們希望企業能夠承擔起自己的責任。企業只要始終把消費者和社會公眾的地

位置於應該具有的地位，就可以找到解除危機的辦法。任何一個公司千萬不要忽視社會團體和公眾的力量，特別是對於那些處於行業領先地位的企業來說，與社會公眾始終保持良好的溝通，以贏得他們的支持，應該把這當做企業的經營的大事來抓。

（資料來源：邱斌．中外市場營銷經典案例［M］．南京：南京大學出版社，2001）

案例思考：

（1）PPA 藥物被禁背后的深層次原因是什麼？
（2）PPA 被禁后感冒藥的營銷環境發生了哪些變化？
（3）企業營銷環境中的可控因素和不可控因素各有哪些？
（4）中美史克在應對 PPA 被禁的「危機公關」中有哪些舉措值得中國企業學習？
（5）如果你是中美史克的總經理，在自己的產品被禁而競爭對手大舉進犯的情況下，你下一步將採取何種措施？

模塊 B　基礎理論概要

一、市場營銷環境綜合模型

市場營銷環境是指影響企業與目標顧客建立並保持互利關係等營銷管理能力的各種角色和力量，它可分為宏觀市場營銷環境、中觀市場營銷環境和微觀市場營銷環境。在市場營銷環境綜合模型中（見圖 2-1），一般環境指的是宏觀環境因素，特定（產業）環境指的是中觀環境因素，企業內部條件指的是微觀環境因素。一般環境和特定環境是外部環境因素。市場營銷外部環境是指存在於企業營銷系統外部的不可控製或難以控制的因素和力量，這些因素和力量是影響企業營銷活動及其目標實現的外部條件。

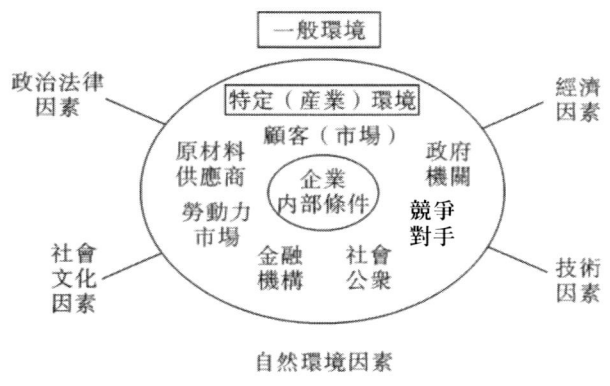

圖 2-1　市場營銷環境綜合模型

二、市場營銷宏觀環境

市場營銷宏觀環境分析一般從政治法律因素、經濟因素、社會文化因素、技術因素和自然環境因素等方面來進行。這種分析方法一般簡稱為 PESTN 分析方法（見表 2-1）。

表 2-1　　　　　　　　　市場營銷宏觀環境分析因素及內容

環境因素	內容
政治法律因素（P）	政局穩定狀況，法律法規，政府政策，政治權力，政府管理方式，政府執政效率，工會
經濟因素（E）	經濟發展/成長階段，經濟體制，經濟聯盟和特殊經濟區域，宏觀經濟發展狀況（經濟發展形勢、國內生產總值、居民消費價格指數），產業集群，外貿情況，勞動力市場狀況，居民收入，消費模式
文化因素（S）	價值觀、思想、道德、態度、宗教信仰，社會行為、社會習俗、消費習俗和消費流行趨勢，婚姻與家庭，工作生活方式，教育，審美觀念，文化資源，文化差異，人口環境及統計特徵（人口數量、密度、年齡結構、地區分佈、民族構成、職業構成、宗教信仰構成、家庭規模、家庭生命週期、收入水平、教育程度等），各種利益相關群體，地位階層
技術因素（T）	引起時代革命性變化的發明，新技術、新工藝、新材料的出現與發展，知識經濟時代與技術革命，科技環境
自然環境因素（N）	自然資源，自然環境，環境保護，能源，自然災害

三、市場營銷中觀環境

市場營銷中觀環境分析一般採用五力分析方法，又稱波特競爭力模型，是哈佛商學院教授邁克爾·波特（Michael E. Porter）於 1979 年創立用於行業分析和商業戰略研究的理論模型。五力模型確定了競爭的五種主要來源，即供應商討價還價能力、購買者討價還價能力、潛在進入者的威脅、替代品的威脅、來自目前在同一行業的公司間的競爭（見圖 2-2）。

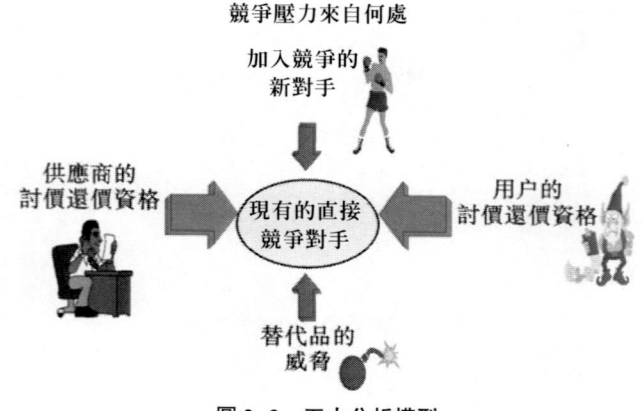

圖 2-2　五力分析模型

一種可行戰略的提出首先應該包括確認並評價這五種力量，不同力量的特性和重要性因行業和公司的不同而發生變化，行業中每一個企業或多或少都必須應對以上各種力量構成的威脅，且必須面對行業中每一個競爭者的舉動。除非認為正面交鋒必要且有益處，如要求得到很大的市場份額，否則客戶可以通過設置進入壁壘，包括差異化和轉換成本來保護自己。根據對五種競爭力量的分析，企業盡可能地採取將自身的經營與競爭力量隔絕開來，努力從自身利益需要出發影響行業競爭規則，先占領有利的市場地位再發起進攻性競爭行動等手段來對付這五種競爭力量，以增強自己的市場地位與競爭實力。

四、市場營銷微觀環境

市場營銷微觀環境是指企業的內部環境或條件，包括企業資源、企業戰略、企業組織結構、企業生命週期、企業能力、企業文化等。市場營銷微觀環境分析一般採用價值鏈分析法。價值鏈分析法是由哈佛商學院教授邁克爾·波特提出來的，是一種尋求確定企業競爭優勢的工具。企業有許多資源、能力和競爭優勢，如果把企業作為一個整體來考慮，又無法識別這些競爭優勢，這就必須把企業活動進行分解，通過考慮這些單個的活動本身及其相互之間的關係來確定企業的競爭優勢。

價值鏈由價值活動構成。價值活動可分為兩種活動：基本活動和輔助（支持）活動。基本活動指生產經營的實質性活動，這些活動與商品實體的加工流轉直接相關，一般可分為原料供應、生產加工、成品儲運、市場營銷和售後服務五種活動。基本活動是企業的基本增值活動。輔助活動指用於支持主體活動而且內部之間又相互支持的活動，包括企業投入的採購管理、技術開發、人力資源管理和企業基礎結構。企業的基本職能活動支持整個價值鏈的運行，而不與每項主體直接發生聯繫（見圖2-3）。

價值鏈上的每一項價值活動都會對企業最終能夠實現多大的價值造成影響。企業的任何一種價值活動都是經營差異性的一個潛在來源。企業通過進行與其他企業不同的價值活動或是構造與其他企業不同的價值鏈來取得差異優勢。在企業的價值活動中增進獨特性，同時要求能夠控製各種獨特性驅動因素，控製價值鏈上有戰略意義的關鍵環節。

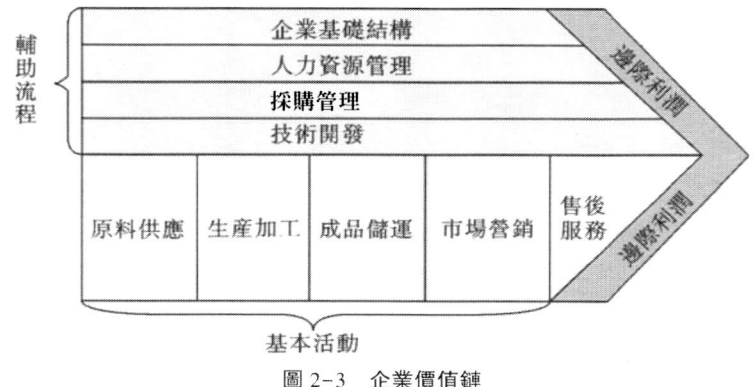

圖2-3　企業價值鏈

五、市場營銷環境綜合分析

市場營銷環境綜合分析大多採用SWOT分析法。SWOT分析模型於20世紀80年代初由美國舊金山大學管理學教授海因茨·韋里克（Heinz Weihrich）提出，經常被用於企業戰略制定、競爭對手分析等場合。SWOT分析法的優點在於考慮問題全面，是一種系統思維，而且可以把對問題的「診斷」和「開處方」緊密結合在一起，條理清楚，便於檢驗。

（一）分析環境因素

運用各種調查研究方法分析出公司內外的各種環境因素。外部環境因素包括機會因素和威脅因素，是外部環境對公司發展有直接影響的有利和不利因素，屬客觀因素；內部環境因素包括優勢和弱點因素，是公司在發展中自身存在的積極和消極因素，屬主動因素，在調查分析這些因素時，不僅要考慮到歷史與現狀，而且更要考慮未來發展問題。

優勢（Strength）是企業內部自身所具備的能力條件和所處的良好競爭態勢，具體包括：有利的競爭態勢；充足的資金來源；良好的企業形象；技術力量；規模經濟；產品質量；市場份額；成本優勢；廣告攻勢等。

劣勢（Weakness）是企業自身能力條件的欠缺和所處的不利競爭態勢，具體包括：設備老化；管理混亂；缺少關鍵技術；研究開發落後；資金短缺；經營不善；產品積壓；競爭力差等。

機會（Opportunity）是組織外部對企業行為富有吸引力的領域因素，具體包括：新產品；新市場；新需求；外國市場壁壘解除；競爭對手失誤等。

威脅（Threat）是組織外部環境中不利發展趨勢所形成的挑戰，具體包括：新的競爭對手；替代產品增多；市場緊縮；行業政策變化；經濟衰退；客戶偏好改變；突發事件等。

（二）構造SWOT矩陣

將調查得出的各種因素根據輕重緩急或影響程度等排序方式，構造SWOT矩陣（見圖2-4）。在此過程中，將那些對公司發展有直接的、重要的、大量的、迫切的、久遠的影響因素優先排列出來，而將那些間接的、次要的、少許的、不急的、短暫的影響因素排列在后面。

（三）營銷環境對策及管理

在完成環境因素分析和SWOT矩陣的構造后，便可以制定出相應的行動對策和進行營銷環境管理。制定對策的基本思路是：發揮優勢因素，克服弱點因素，利用機會因素，化解威脅因素；考慮過去，立足當前，著眼未來。運用系統分析的綜合分析方法，將排列與考慮的各種環境因素相互匹配起來加以組合，得出一系列公司未來發展的可選擇對策。經過分析后可以採取的對策戰略類型組合如下：

1. SO戰略

SO戰略是指發展企業內部優勢與利用外部機會的戰略，這是一種理想的戰略模式。企業具有特定方面的優勢，外部環境又為發揮該優勢提供有利機會時，可採取該

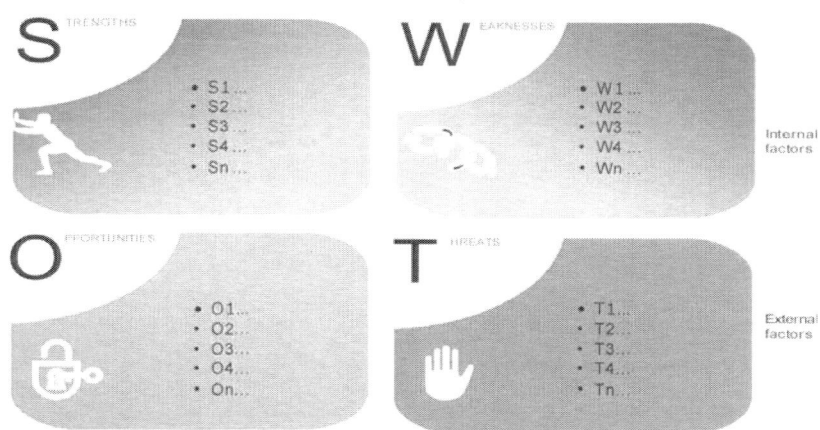

圖 2-4　SWOT 分析方法

戰略。例如，良好的產品市場前景、供應商規模擴大和競爭對手有財務危機等外部條件，配以企業市場份額提高等內在優勢可成為企業收購競爭對手、擴大生產規模的有利條件。

2. WO 戰略

WO 戰略利用外部機會來彌補內部弱點，使企業改劣勢而獲取優勢的戰略。如果企業存在外部機會，但由於存在內部弱點而妨礙其利用機會，可先克服這些弱點。例如，若企業弱點是原材料供應不足和生產能力不夠，會導致開工不足、生產能力閒置、單位成本上升，而加班加點會導致一些附加費用。在產品市場前景看好的前提下，企業可利用供應商擴大規模、新技術設備降價、競爭對手財務危機等機會，實現縱向整合戰略，以保證原材料供應，同時可考慮購置生產線來克服生產能力不足及設備老化等劣勢。通過克服這些弱點，企業可能進一步利用各種外部機會，降低成本，取得成本優勢，最終贏得競爭優勢。

3. ST 戰略

ST 戰略是指利用自身優勢，迴避或減輕外部威脅所造成的影響戰略。例如，競爭對手利用新技術大幅度降低成本，給企業很大的成本壓力；同時材料供應緊張，其價格可能上漲；消費者要求大幅度提高產品質量；企業還要支付高額環保成本等，都會導致企業成本狀況進一步惡化，使之在競爭中處於非常不利的地位。但是，若企業擁有充足的現金、熟練的技術工人和較強的產品開發能力，便可利用這些優勢開發新工藝，簡化生產工藝過程，提高原材料利用率，從而降低材料消耗和生產成本。另外，新技術、新材料和新工藝的開發與應用是最具潛力的成本降低措施，同時也可提高產品質量，從而迴避外部威脅影響。

4. WT 戰略

WT 戰略是指旨在減少內部弱點，迴避外部環境威脅的防禦性技術的戰略。企業存

在內憂外患時，往往面臨生存危機，降低成本也許成為改變劣勢的主要措施。當企業成本狀況惡化，原材料供應不足，生產能力不夠，無法實現規模效益，且設備老化，使企業在成本方面難以有大的作為，這時將迫使企業採取目標聚集戰略或差異化戰略，以規避成本方面的劣勢，並迴避成本原因帶來的威脅。

模塊 C　營銷技能實訓

實訓項目1：觀念應用訓練——緊盯客戶是不夠的

1. 實訓目標
（1）通過案例分析深入理解環境對市場營銷的重要影響；
（2）通過案例分析深入理解企業的環境適應性和警覺性。
2. 實訓情景設置
（1）按模擬企業分組進行；
（2）發現現實市場中的相似情景。
3. 實訓內容
美國科學家把一些小朋友叫到屋子裡。「小朋友，這裡有一塊蛋糕，叔叔和阿姨一會兒要出去，一段時間后要回來分蛋糕，誰乖就給誰吃。」說完，科學家們就出去把門關上了。同時，房間裡閉路電視開了，但小朋友們並不知道。

科學家們在另一個房間裡仔細觀察每一個小朋友的行為，發現每一位小朋友的舉動都不一樣，並在20年后進行了追蹤。

有小朋友馬上走過去一直盯著蛋糕，長大以后成了優秀的業務員，因他緊盯客戶；
有小朋友看沒什麼人，偷一塊奶油就到旁邊吃了，長大以后一半都坐了牢；
有小朋友跑到窗口那邊，東看西看，長大之后常常換工作；
有小朋友跑到窗臺上對著外面唱歌，長大后對什麼事都無所謂；
還有小朋友躺在地上睡著了。總之什麼樣的小朋友都有。

當小朋友們所在房間靜悄悄的時候，科學家們故意對著麥克風「嘣嘣」地敲。有小朋友正盯著蛋糕看，聽到「嘣嘣」聲后他馬上四處張望，然后又盯著蛋糕，長大以后成了總經理，這種類型的人就是隨時隨地對環境產生危機感。有小朋友也是一直盯著蛋糕，但「嘣嘣」聲響了好幾次，他也不四處張望，長大后最多干到主任。

問題：
通過閱讀和分析這個故事，從環境影響視角你得到什麼啟示？
4. 實訓過程與步驟
（1）每個企業受領實訓任務；
（2）講解案例分析方法與要領；
（3）必要的理論引導和疑難解答；
（4）即時的現場控制；

（5）任務完成時的實訓績效評價。
5. 實訓績效

```
_____實訓報告
第_____次市場營銷實訓
```
實訓項目：_____
實訓名稱：_____
實訓導師姓名：_____；職稱（位）：_____；單位：校內□ 校外□
實訓學生姓名：_____；專業：_____；班級：_____
實訓學期：_____；實訓時間：_____；實訓地點：_____
實訓測評：

評價項目	教師評價	得分	學生自評	得分
任務理解（20分）				
情景設置（20分）				
操作步驟（20分）				
任務完成（20分）				
訓練總結（20分）				

教師評價得分：_____　學生自評得分：_____　綜合評價得分：_____
實訓總結：
獲得的經驗：_____

存在的問題：_____

提出的建議：_____

實訓項目2：方案策劃訓練——周邊商業的環境SWOT分析

1. 實訓目標
（1）通過方案策劃深入理解營銷環境因素；
（2）通過方案策劃深入理解和應用SWOT分析方法。
2. 實訓情景設置
（1）按模擬企業分組進行；
（2）每個企業模擬不同商家的實際情況進行分析。
3. 實訓內容
每個企業根據自己的偏好選擇一種商業形態進行創業準備，地點選擇在學校周邊商業街區，從宏觀、中觀、微觀層面進行與該商業形態相關的各種環境因素的全面收集，然後針對該商業形態的創業活動、經營活動和未來的長遠發展進行環境因素SWOT分析，為本企業的創業方向選擇、戰略制定提供相應的指導，最后形成一定的創業環境應對策略。

4. 實訓過程與步驟

(1) 每個企業受領實訓任務；
(2) 營銷環境因素收集；
(3) 環境分析 SWOT 方法的構造與分析；
(4) 必要的理論引導和疑難解答；
(5) 即時的現場控製；
(6) 任務完成時的實訓績效評價。

5. 實訓績效

```
_____實訓報告
第_____次市場營銷實訓
```

實訓項目：_____
實訓名稱：_____
實訓導師姓名：_____；職稱（位）：_____；單位：校內□ 校外□
實訓學生姓名：_____；專業：_____；班級：_____
實訓學期：_____；實訓時間：_____；實訓地點：_____
實訓測評：

評價項目	教師評價	得分	學生自評	得分
任務理解（20 分）				
情景設置（20 分）				
操作步驟（20 分）				
任務完成（20 分）				
訓練總結（20 分）				

教師評價得分：_____　學生自評得分：_____　綜合評價得分：_____
實訓總結：
獲得的經驗：_____
_____
存在的問題：_____
_____
提出的建議：_____

實訓項目 3：情景模擬訓練——環境分析與應對

1. 實訓目標

(1) 通過情景模擬深入理解營銷環境因素及其影響；
(2) 通過情景模擬提高針對營銷環境因素的處理能力；
(3) 通過情景模擬提高環境分析能力和發散性思維能力。

2. 實訓情景設置

(1) 按模擬企業分組進行；

(2) 每個企業模擬不同的市場營銷環境因素。
3. 實訓內容

　　選定某項環境變化因素（政治法律、經濟、文化、技術、自然環境方面的都可以）。每個企業派出4人，1人記錄本公司的發言，3人分別發言，快速地說出這一因素變化會給社會帶來的3項較大權重的機會（威脅）。老師選定某項機會（威脅），3位發言人按上輪順序快速說出對策。將所有發言人分成兩組，另一組為堅持這一環境變化因素可能給企業帶來機會的觀點，一組為堅持這一環境變化因素可能給企業帶來威脅的觀點，兩組通過辯論決定勝負。根據課程時間安排和情景模擬進行時間重新選人進行第二輪模擬訓練。

4. 實訓過程與步驟

(1) 每個企業派出4人，3人分別發言，1人記錄本公司的發言；
(2) 實訓老師匯總言論；
(3) 實訓老師選定某項機會（威脅），3位發言人快速說出對策；
(4) 實訓老師對發言人進行分組，展開辯論；
(5) 即時的現場控製；
(6) 任務完成時的實訓績效評價。

5. 實訓績效

```
_____ 實訓報告
第 _____ 次市場營銷實訓
```

實訓項目：_____
實訓名稱：_____
實訓導師姓名：_____；職稱（位）：_____；單位：校內□ 校外□
實訓學生姓名：_____；專業：_____；班級：_____
實訓學期：_____；實訓時間：_____；實訓地點：_____
實訓測評：

評價項目	教師評價	得分	學生自評	得分
任務理解（20分）				
情景設置（20分）				
操作步驟（20分）				
任務完成（20分）				
訓練總結（20分）				

教師評價得分：_____　學生自評得分：_____　綜合評價得分：_____
實訓總結：
獲得的經驗：_____
_____
存在的問題：_____
_____
提出的建議：_____
_____

第三章　消費者購買行為實訓

實訓目標：

（1）深入理解消費者購買行為及其影響因素。
（2）深入理解消費者購買決策過程。
（3）深入理解和應用消費者購買行為分析框架和方法。

模塊 A　引入案例

淘寶網 2011 年度趣味數據

2012 年 2 月 27 日，淘寶網數據盛典（shengdian.taobao.com）公布 2011 年一系列消費數據。通過對網購人群的消費習慣進行分析，預測 2012 年的流行趨勢，以地圖的形式展現中國不同地區的消費偏好和特色。

淘友的 2011 年

2011 年淘寶網單日成交額最高達 43.8 億元，發生在 12 月 12 日，超過北京、上海單日零售業銷售額之和，是 2010 年同期 3 倍。其中，僅當天凌晨第一小時就成交了 278 萬筆，交易額突破 4.75 億元，消費速度是世界消費聖地迪拜同期的 5 倍。截至 2011 年底，淘寶網單日獨立訪客量最高超過 1.2 億人，比 2010 年同期增長 120%，相當於中國網民總數的 1/4。

2011 年是淘寶網服務在消費者生活方方面面的一年。在這一年，淘寶網的服飾流行在每個城市的大街小巷，平均每 10 個網民購買了 24 件衣服；家居、家電產品售出 3.1 億件，相當於每 10 個網民的家中有 6 件物品來自於淘寶網；數碼產品售出了 2.1 億件，飾品售出 1.3 億個，玩具賣出 8364 萬套。

2011 年也是電子商務在移動互聯網上發力的一年，讓消費者在移動中體會網購樂趣。數據顯示，2011 年手機淘寶全年成交額達 108 億元，是上年的 6 倍，日交易值達到 2 億元。

2011 年亦是大件商品進一步接軌互聯網的一年，數十萬的單筆成交已稀松平常，手機淘寶上也出現了單筆 22.5 萬元的交易。2011 年 12 月，淘寶房產更是創造了單日成交 957 套價值 12 億元的神話。

2011 年還是淘寶網打造出一站式出行服務平臺，讓用戶輕松出行的一年，從機票、酒店預訂到門票、導遊、租車等度假旅遊產品三駕馬車「一條龍」服務。全年淘寶旅行交易額達 109 億元，並在 12 月 21 日創下同類網站單日在線交易量的最高紀錄，單日交易量一舉超過 8 萬張，相當於每秒鐘就售出 1 張機票。

網購發展和網民旺盛需求催促著淘寶賣家和物流業的快速成長。僅 2011 年 12 月 12 日，淘寶網有 421 家店鋪單日成交超過 100 萬元，1644 家單店成交超過 10 萬元，其中交易額前十強有 9 家屬淘寶網原創網貨品牌。在 2011 年，淘寶網和天貓商城每天包裹量超過 800 萬件，占整個快遞業總包裹量近六成。如將這些包裹堆起來，每月可以蓋一座金字塔。

2011 年淘友想要什麼？

據淘寶網數據公布 2011 年搜索熱詞，各地區消費者所需迥異（見圖 3-1）。重慶人無論是性格還是身材素以火辣聞名，而淘寶網數據也與這一認知相符。2011 年重慶人最關心的是非常挑身材的皮衣、皮褲，在風格方面，呈現出冰火兩重天，休閒風和豹紋控平分秋色。

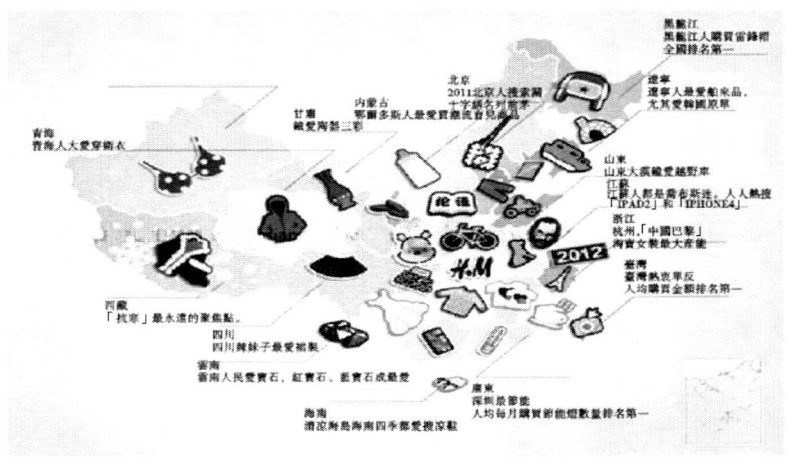

圖 3-1　淘寶網 2011 年度趣味地圖

北方和西部地區則更多地呈現出其特有的地域文化。從淘寶網數據看，北京地區傳承了其深厚的文化底蘊，用戶搜索量最大的是十字繡，體現出北京人細膩的一面。同時，北京人也愛文藝、愛攝影，單反相機搜索量居前。甘肅成為淘寶上的「西部牛仔」，無論男女對牛仔系列的熱衷度都是極高的。除此之外，甘肅的「陶器三彩」文化也從數據中可見一斑。2011 年，甘肅人除了牛仔搜索量最高之外，「陶器三彩」也是其關注的焦點。

南方網購大省廣東充分體現了其包容和多元的一面，無論是「休閒」「復古」還是「日韓風」，都是廣東女性的至愛。而廣東男性則鐘情休閒系、運動系。此外，「假髮」也是廣東消費者搜索較多的關鍵詞。華南地區的廣西人是不折不扣的「手機控」，不管是蘋果還是三星、諾基亞，都是他們的最愛。貴州用戶則以婚戀為主，婚紗、喜糖等關鍵詞都排在搜索的前列。

中部地區則以服裝為主，湖北、湖南、江西熱搜的關鍵詞都是各類服飾。區別在於，湖北地區鍾愛時尚品牌，尤其是「H&M」；湖南地區不論男女，最喜歡的是「恒源祥」羊絨衫；江西地區則是最想曬幸福的地區，「情侶裝」搜索量極高。

東部地區一向以江、浙、滬等網購大省示人，無論從人口還是金額來說，基本包攬前三。從搜索量來看，上海人最愛名牌，對蔻馳（Coach）、博柏利（Burberry）、古馳（Gucci）等都鍾愛；江蘇男女差異較大，男人都迷喬布斯，最愛搜索蘋果產品；女人則

對包包情有獨鐘，超越了服飾。俗語道「窮玩車、富玩表」，一向被視為富裕的浙江人，「手錶」的搜索量也極高。此外，「拖鞋」「MP4」等，也是其鍾愛的產品，體現出浙江人熱愛生活的一面。

淘寶眼中的淘友

2011年，時尚界風雲多變，秋褲席捲重來，再也不畏縮在厚重的褲子之下，而是變身外穿「Legging」登入各時尚達人衣櫥；絲瓜也不再只是食物，提取成水躋身大熱護膚品行列。在2011年，淘寶網上各地消費又呈現出什麼特徵呢？

第一，浙江居榜首次數最多，寧波、舟山最搶眼。

作為中國網購的發源地，浙江幾乎在各種商品銷售上都位列前茅。從淘寶盛典公布的榜單來看，浙江省成為排名榜首最多的省份。無論是最疼愛老婆的男人，還是最賢惠的媳婦，抑或是最潮的母親等榜單上，浙江的用戶都占據著第一的位置。其中，寧波等地表現較為突出。

在最疼愛老婆的男人地區榜單中，寧波以78.3%的高比例榮登榜首。這一榜單公布，也讓眾未婚女性大呼「嫁人要嫁寧波男」。除此之外，寧波也成為最容易「撞衫」和最「居安思危」的城市。數據顯示，在2011年淘寶熱賣的女裝產品中，寧波女性購買最為集中，「撞衫」指數達2.31%，即1000個人裡面有23個人穿著相同。而最「居安思危」則是以2011年網購急救用品為考量，寧波地區有0.58%的用戶購買過急救用品，成為急救用品覆蓋最多的城市，人均購買4.69件。不過，在最「居安思危」榜單中，金華雖然在人數上不如寧波地區，但在「裝備」上，卻成為全國第一，人均消費急救用品達326.78元。

在最賢惠女性地區排名中，浙江省又再一次凸顯老大地位。只不過，第一的位置由寧波換成了舟山。2011年，舟山女性用戶為男性購買用品人數比例高達23.98%，人均消費901.72元。此外，舟山也成為「最疼老公的老婆」「最愛健身的男性」「最愛買吉他」的城市等（見圖3-2）。

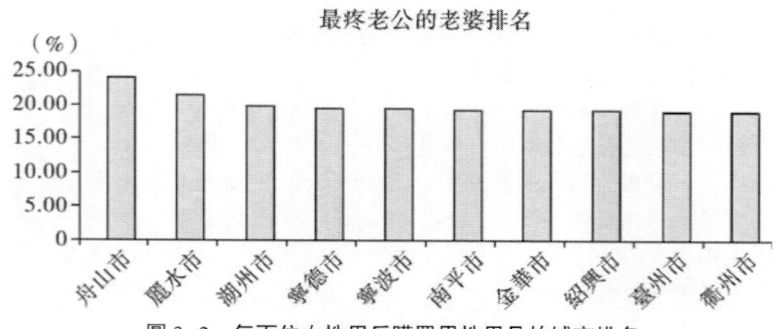

圖3-2　每百位女性用戶購買男性用品的城市排名

第二，港臺都是攝影控，上海老人最「潮」。

雖說「攝影窮三代，單反毀一生」，不過攝影帶給人們的快樂仍讓攝影愛好者樂此不疲。從淘寶網數據看，被單反「毀」得最多地區無疑是中國港臺地區。數據顯示，2011年臺灣地區購買單反相機人均花費達6310.47元，比第二名香港地區多了近4000元。不過從購買人數上來說，香港購買數碼相機的用戶比例達3.63%，位居第一，臺灣以3.17%列第二位。

有趣的是，單反相機的網購主力再也不是身強力壯的青年了，而是50歲以上的中老年人。淘寶網數據顯示，50歲以上用戶購買單反鏡頭、配件等商品的人均消費金額達到4604.52元，幾乎是其他年齡段的2倍。

數據統計顯示，50歲以上網購者最多的地區是上海市，每10萬淘寶用戶中有89人是50歲以上老年人。其次是浙江，每10萬人中有56人是50歲以上老年人，江蘇的這一比例為51人，排第三位。這也說明，老年人是否「潮」與當地網購發展的情況有關（見圖3-3）。

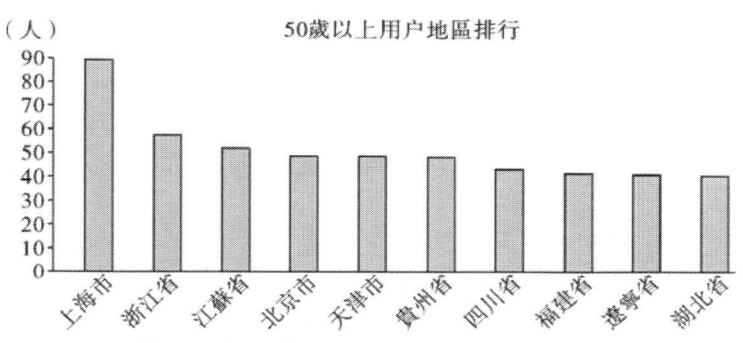

圖3-3　每10萬用戶中50歲以上用戶地區排行

第三，北京人最喜歡郭德綱，最愛用安卓。

「北有郭德綱，南有周立波」，這二人是如今相聲界南北兩大翹楚。不過，既分南北，則體現出兩人在不同地域所受歡迎度差別很大。根據淘寶網數據顯示，2011年最愛郭德綱的城市是北京，共有3478人購買過郭德綱相關產品；而對於周立波，北京人似乎並不十分熱衷，僅0.014%用戶購買過相關產品。相比之下，上海人對於這兩人的接納度相對平衡一些。

此外，數據還顯示，北京還最喜歡安卓手機。在目前主流的蘋果IOS系統和安卓系統兩大手機系統中，北京、上海、廣州、深圳等國內一線城市的用戶購買數量最多。其中，北京用戶最愛的是安卓系統的手機，上海用戶則最喜歡蘋果的IOS系統（見圖3-4）。

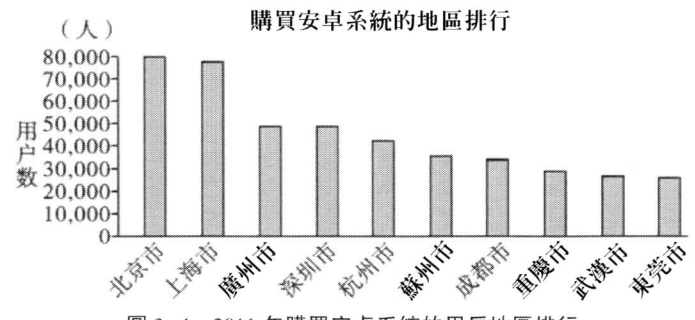

圖3-4　2011年購買安卓系統的用戶地區排行

第四，江蘇人最文藝，全年買書花了2.6億元。

文藝青年最愛啥？音樂、書本和繪畫。從淘寶網數據盛典公布的榜單來看，文藝

青年最多的地方是江蘇省。在全國前十個城市排名中，江蘇占了6個席位，比浙江多2個。其中，江蘇人買書最多，2011年買書花了2.6億元（見圖3-5）。

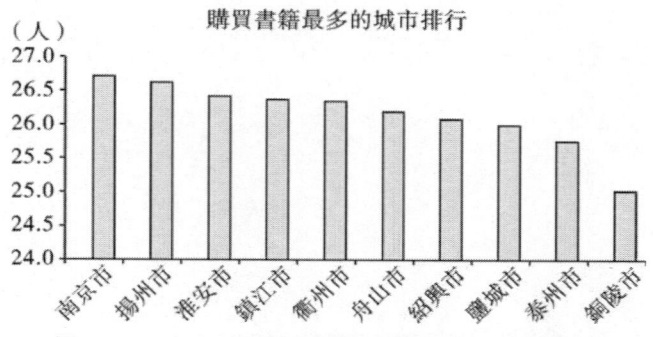

圖3-5　2011年每百人中購買書籍最多的用戶城市排行

南京則不折不扣成為江蘇省內最文藝的地方，每100個南京人中就由26.7人購買過書籍，全年書籍消費5428萬元。不過，按性別分類最愛買書的男性在銅陵，女性在衢州。

除書本之外，吉他也是文藝青年的最愛。數據顯示，最愛買吉他的城市在浙江舟山，不過最愛買吉他的男性集中在麗江，女性集中在香港。文藝青年以「80後」居多，26~34歲年齡段占63%。其中，女性購買樂器、書籍等人數比男性多60餘萬人，說明女性比男性更文藝。

第五，山西人最孝順，安徽人最愛寵物。

歷史上，山西是一個重視孝道的省份，而在今天，山西人依舊傳承這樣的美德。據淘寶網發布的數據顯示，2011年，30歲以下年輕人中，在淘寶網購買老年人用品人數最多的就是山西，每100個山西人裡就有7.04個人購買了老年人用品。此外，山西人也是最愛在淘寶上買鑽石的人群，消費金額占總珠寶購買金額的29.4%（見圖3-6）。

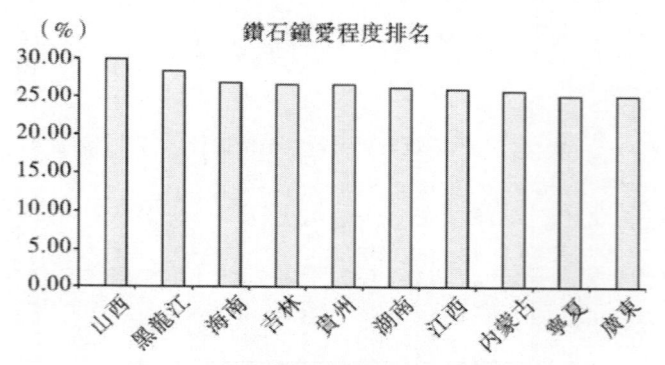

圖3-6　購買鑽石金額最多的地區排行榜

愛老人之餘，也要善待寵物。淘寶網數據顯示，2011年，購買狗狗用品最多的省份是安徽省，每1萬名安徽人中有16人購買過狗糧。此外，在城市排名中，安徽也占據了前十名中的半壁江山。而在貓咪用品的購買中，安徽省僅以微弱之差位居第二。在生活中，也不乏出現許多安徽「愛寵一族」為了讓自己的寵物更時髦，常送去淋浴、

洗桑拿等，他們對寵物的喜愛可見一斑（見圖3-7）。

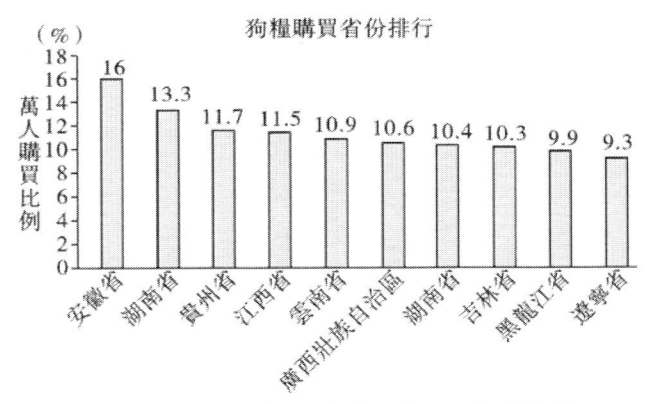

狗糧購買省份排行

省份	萬人購買比例(%)
安徽省	16
湖南省	13.3
貴州省	11.7
江西省	11.5
雲南省	10.9
廣西壯族自治區	10.6
湖南省	10.4
吉林省	10.3
黑龍江省	9.9
遼寧省	9.3

圖3-7　每萬人中購買狗糧最多的用戶地區排行榜

（資料來源：淘寶網數據盛典 http://shengdian.taobao.com）

案例思考：

（1）網絡購物消費行為有什麼特徵？
（2）網絡購物消費行為與傳統的消費行為有什麼差異？

模塊 B　基礎理論概要

一、消費者購買行為分析基本框架

　　消費者購買行為是指人們為滿足需要和慾望而尋找、選擇、購買、使用、評價及處置產品、服務時介入的過程活動，包括消費者的主觀心理活動和客觀物質活動兩個方面（菲利普·科特勒，2000）。消費者購買行為是指消費者為滿足其個人或家庭生活而發生的購買商品的決策過程。消費者購買行為是複雜的，其購買行為的產生是受到其內在因素和外在因素的相互促進交互影響的。企業營銷通過對消費者購買的研究，來掌握其購買行為的規律，從而制定有效的市場營銷策略，實現企業營銷目標。

　　市場營銷學家把消費者的購買動機和購買行為概括為「6W」和「6O」，從而形成消費者購買行為研究的基本框架。

（一）市場需要什麼（What）——有關產品（Objects）是什麼

　　通過分析消費者希望購買什麼，為什麼需要這種商品而不是需要那種商品，研究企業應如何提供適銷對路的產品去滿足消費者的需求。

（二）為何購買（Why）——購買目的（Objectives）是什麼

　　通過分析購買動機的形成（生理的、自然的、經濟的、社會的、心理的因素的共同作用），瞭解消費者的購買目的，採取相應的市場策略。

（三）購買者是誰（Who）——購買組織（Organizations）是什麼

分析購買者是個人、家庭還是集團，購買的產品供誰使用，誰是購買的決策者、執行者、影響者。根據分析，組合相應的產品、渠道、定價和促銷。

（四）如何購買（How）——購買組織的作業行為（Operations）是什麼

分析購買者對購買方式的不同要求，有針對性地提供不同的營銷服務。在消費者市場，分析不同的類型消費者的特點，如經濟型購買者對性能和廉價的追求，衝動性購買者對情趣和外觀的喜好，手頭拮據的購買者要求分期付款，工作繁忙的購買者重視購買方便和送貨上門等。

（五）何時購買（When）——購買時機（Occasions）是什麼

分析購買者對特定產品的購買時間的要求，把握時機，適時推出產品，如分析自然季節和傳統節假日對市場購買的影響程度等。

（六）何處購買（Where）——購買場合（Outlets）是什麼

分析購買者對不同產品的購買地點的要求，如消費品種的方便品，顧客一般要求就近購買，而選購品則要求在商業區（地區中心或商業中心）購買，一邊挑選對比，特殊品往往會要求直接到企業或專業商店購買等。

消費者購買行為分析基本框架如圖3-8所示：

圖3-8　消費者購買行為分析基本框架

二、消費者購買行為類型

（一）根據消費者購買行為的複雜程度和所購產品的差異程度劃分

1. 複雜的購買行為

如果消費者屬於高度參與，並且瞭解現有各品牌、品種和規格之間具有的顯著差異，則會產生複雜的購買行為。複雜的購買行為指消費者購買決策過程完整，要經歷大量的信息收集、全面的產品評估、慎重的購買決策和認真的購後評價等各個階段。

對於複雜的購買行為，營銷者應制定策略幫助購買者掌握產品知識，運用各種途

徑宣傳本品牌的優點，最終影響消費者的購買決定，簡化購買決策過程。

2. 減少失調感的購買行為

減少失調感的購買行為是指消費者並不廣泛收集產品信息，並不精心挑選品牌，購買決策過程迅速而簡單，但是在購買以後會認為自己所買產品具有某些缺陷或其他同類產品有更多的優點，進而產生失調感，懷疑原先購買決策的正確性。

對於這類購買行為，營銷者要提供完善的售後服務，通過各種途徑經常提供有利於本企業的產品的信息，使顧客相信自己的購買決定是正確的。

3. 尋求多樣化的購買行為

尋求多樣化的購買行為是指消費者購買產品有很大的隨意性，並不深入收集信息和評估比較就決定購買某一品牌，在消費時才加以評估，但是在下次購買時又轉換其他品牌。轉換原因是厭倦原口味或想試新口味，尋求產品多樣性而不一定有不滿意之處。

對於尋求多樣性的購買行為，市場領導者和挑戰者的營銷策略是不同的。市場領導者力圖通過佔有貨架、避免脫銷和提醒購買的廣告來鼓勵消費者形成習慣性購買行為。而挑戰者則以較低的價格、折扣、贈券、免費贈送樣品和強調試用新品牌的廣告來鼓勵消費者改變原習慣性購買行為。

4. 習慣性的購買行為

習慣性的購買行為是指消費者並未深入收集信息和評估品牌，只是習慣於購買自己熟悉的品牌，在購買後可能評價也可能不評價產品。

對於習慣性購買行為的主要營銷策略：一是利用價格與銷售促進吸引消費者試用；二是開展大量重複性廣告，加深消費者印象；三是增加購買參與程度和品牌差異。

(二) 根據消費者購買目標選定程度劃分

1. 全確定型

全確定型是指消費者在購買商品以前，已經有明確的購買目標，對商品的名稱、型號、規格、顏色、式樣、商標以至價格的幅度都有明確的要求。這類消費者進入商店以後，一般都是有目的地選擇，主動地提出所要購買的商品，並對所要購買的商品提出具體要求，當商品能滿足其需要時，則會毫不猶豫地買下商品。

2. 半確定型

半確定型是指消費者在購買商品以前，已有大致的購買目標，但具體要求還不夠明確，最後的購買需經過選擇比較才完成。例如，購買空調是原先計劃好的，但購買什麼牌子、規格、型號、式樣等心中無數。這類消費者進入商店以後，一般要經過較長時間的分析、比較才能完成其購買行為。

3. 不確定型

不確定型是指消費者在購買商品以前，沒有明確的或既定的購買目標。這類消費者進入商店主要是參觀遊覽、休閒，漫無目標地觀看商品或隨便瞭解一些商品的銷售情況，有時感到有興趣或合適的商品偶爾購買，有時則觀後離開。

(三) 根據消費者購買態度與要求劃分

1. 習慣型

習慣型是指消費者由於對某種商品或某家商店的信賴、偏愛而產生的經常、反覆地購買。由於經常購買和使用，他們對這些商品十分熟悉，體驗較深，再次購買時往往不再花費時間進行比較選擇，注意力穩定、集中。

2. 理智型

理智型是指消費者在每次購買前對所購的商品，要進行較為仔細的研究比較。購買時的感情色彩不濃、頭腦冷靜、行為慎重、主觀性較強，不輕易相信廣告、宣傳、承諾、促銷方式以及售貨員的介紹，主要看重商品質量、款式。

3. 經濟型

經濟型是指消費者購買時特別重視價格，對於價格的反應特別靈敏。購買無論是選擇高檔商品，還是中低檔商品，首選的是價格，他們對「大甩賣」、「清倉」、「血本銷售」等低價促銷最感興趣。一般來說，這類消費者與自身的經濟狀況有關。

4. 衝動型

衝動型是指消費者容易受商品的外觀、包裝、商標或其他促銷努力的刺激而產生的購買行為。購買一般都是以直觀感覺為主，從個人的興趣或情緒出發，喜歡新奇、新穎、時尚的產品，購買時不願進行反覆地選擇比較。

5. 疑慮型

疑慮型是指消費者具有內傾性的心理特徵，購買時小心謹慎和疑慮重重。購買一般緩慢、費時多。常常是「三思而后行」，常常會猶豫不決而中斷購買，購買后還會疑心是否上當受騙。

6. 情感型

情感型消費者的購買多屬情感反應，往往以豐富的聯想力衡量商品的價值，購買時注意力容易轉移，興趣容易變換，對商品的外表、造型、顏色和命名都較重視，以是否符合自己的想像作為購買的主要依據。

7. 不定型

不定型消費者的購買多屬嘗試性，其購買心理尚不穩定，購買時沒有固定的偏愛，在上述六種類型之間遊移，這種類型的購買者多數是獨立生活不久的青年人。

(四) 根據消費者購買頻率劃分

1. 經常性購買行為

經常性購買行為是購買行為中最為簡單的一類，指購買人們日常生活所需、消耗快、購買頻繁、價格低廉的商品，如油鹽醬醋茶、洗衣粉、牙膏、肥皂等。購買者一般對商品比較熟悉，加上價格低廉，人們往往不必花很多時間和精力去收集資料和進行商品的選擇。

2. 選擇性購買行為

這一類消費品單價比日用消費品高，多在幾十元至幾百元之間；購買后使用時間較長，消費者購買頻率不高，不同的品種、規格、款式、品牌之間差異較大，消費者購買時往往願意花較多的時間進行比較選擇，如服裝、鞋帽、小家電產品、手錶、自行車等。

3. 考察性購買行為

消費者購買價格昂貴、使用期長的高檔商品多屬於這種類型，如購買轎車、商品房、成套高檔家具、鋼琴、電腦、高檔家用電器等。消費者購買該類商品時十分慎重，會花很多時間去調查、比較、選擇。消費者往往很看重商品的商標品牌，大多是認牌購買；已購消費者對商品的評價對未購消費者的購買決策影響較大；消費者一般在大商場或專賣店購買這類商品。

三、消費者購買行為影響因素

(一) 內在因素

影響消費者購買行為的內在因素很多，主要有消費者的個體因素與心理因素。消費者心理是消費者在滿足需要活動中的思想意識，它支配著消費者的購買行為。影響消費者購買的心理因素有動機、感受、態度、學習。

1. 動機

需要引起動機。需要是人們對於某種事物的要求或慾望。就消費者而言，需要表現為獲取各種物質需要和精神需要。馬斯洛的「需要五層次」理論，即生理需要、安全需要、社會需要、尊重需要和自我實現的需要。需要產生動機，消費者購買動機是消費者內在需要與外界刺激相結合使主體產生一種動力而形成的。動機是為了使個人需要滿足的一種驅動和衝動。消費者購買動機是指消費者為了滿足某種需要，產生購買商品的慾望和意念。購買動機可分為以下兩類：

（1）生理性購買動機。生理性購買動機指由人們因生理需要而產生的購買動機，如饑思食、渴思飲、寒思衣，又稱本能動機。生理動機包括維持生命的動機、保護生命的動機、延續和發展生命的動機。生理動機具有經常性、習慣性和穩定性的特點。

（2）心理性購買動機。心理性購買動機是指人們由於心理需要而產生的購買動機。根據對人們心理活動的認識，以及對情感、意志等心理活動過程的研究，可將心理動機歸納為以下三類：

①感情動機。感情動機指由於個人的情緒和情感心理方面的因素而引起的購買動機。根據感情不同的側重點，可以將其分為三種消費心理傾向，即求新、求美、求榮。

②理智動機。理智動機指建立在對商品客觀認識基礎上，經過充分分析比較後產生的購買動機。理智動機具有客觀性、周密性的特點。在購買中表現為求實、求廉、求安全的心理。

③惠顧動機。惠顧動機指對特定的商品或特定的商店產生特殊的信任和偏好而形成的習慣重複光顧的購買動機。這種動機具有經常性和習慣性特點，表現為嗜好心理。

人們的購買動機不同，購買行為必然是多樣的、多變的。要求企業深入細緻地分析消費者的各種需求和動機，針對不同的需求層次和購買動機設計不同的產品和服務，制定有效的營銷策略，獲得營銷成功。

2. 感受

消費者如何行動，還要看其對外界刺激物或情境的反應，這就是感受對消費者購買行為的影響。感受指的是人們的感覺和知覺。

所謂感覺，就是人們通過感官對外界的刺激物或情境的反應或印象。隨著感覺的深入，各種感覺到的信息在頭腦中被聯繫起來進行初步的分析綜合，形成對刺激物或情境的整體反應，就是知覺。知覺對消費者的購買決策、購買行為影響較大。在刺激物或情境相同的情況下，消費者有不同的知覺，他們的購買決策、購買行為就截然不同。因為消費者知覺是一個有選擇性的心理過程，即有選擇的注意、有選擇的曲解、有選擇的記憶。

分析感受對消費者購買影響目的是要求企業掌握這一規律，充分利用企業營銷策略，引起消費者的注意，加深消費者的記憶，使消費者正確理解廣告，影響消費者購買。

3. 態度

態度通常指個人對事物所持有的喜歡與否的評價、情感上的感受和行動傾向。態度對消費者購買行為有著很大的影響。企業營銷人員應注重消費者態度的研究。

消費者態度來源於與商品的直接接觸；受他人直接、間接的影響；家庭教育與本人經歷。消費者態度包含信念、情感和意向，它們對購買行為都有各自的影響作用。

（1）信念。信念指人們認為確定和真實的事物。在實際生活中，消費者不是根據知識，而常常是根據見解和信任作為他們購買的依據。

（2）情感。情感指商品和服務在消費者情緒上的反應，如對商品或廣告喜歡還是厭惡。情感往往受消費者本人的心理特徵與社會規範影響。

（3）意向。意向指消費者採取某種方式行動的傾向，是傾向於採取購買行動，還是傾向於拒絕購買。消費者態度最終落實在購買的意向上。

研究消費者態度的目的在於企業充分利用營銷策略，讓消費者瞭解企業的商品，幫助消費者建立對企業的正確信念，培養對企業商品和服務的情感，讓企業產品和服務盡可能適應消費者的意向，使消費者的態度向著企業的方面轉變。

4. 學習

學習是指由於經驗引起的個人行為的改變，即消費者在購買和使用商品的實踐中，逐步獲得和累積經驗，並根據經驗調整自己購買行為的過程。學習是通過驅策力、刺激物、提示物、反應和強化的相互影響、相互作用而進行的。

「驅策力」是誘發人們行動的內在刺激力量。例如，某消費者重視身分地位，尊重需要就是一種驅策力。這種驅策力被引向某種刺激物——高級名牌西服時，驅策力就變為動機。在動機支配下，消費者需要作出購買名牌西服的反應。但購買行為發生往往取決於周圍的「提示物」的刺激，如看了有關電視廣告、商品陳列，消費者就會完成購買。如果穿著很滿意的話，他對這一商品的反應就會加強，以後如果再遇到相同誘因時，就會產生相同的反應，即採取購買行為。如反應被反覆強化，久而久之就成為購買習慣了。這就是消費者的學習過程。

企業營銷要注重消費者購買行為中「學習」這一因素的作用，通過各種途徑給消費者提供信息，如重複廣告，目的是達到加強誘因，激發驅策力，將人們的驅策力激發到馬上行動的地步。同時，企業商品和提供服務要始終保持優質，消費者才有可能通過學習建立起對企業品牌的偏愛，形成其購買本企業商品的習慣。

（二）外在因素

外在因素包括相關群體、社會階層、家庭和社會文化等。

1. 相關群體

相關群體是指那些影響人們的看法、意見、興趣和觀念的個人或集體。研究消費者行為可以把相關群體分為兩類，即參與群體與非所屬群體。

（1）參與群體是指消費者置身於其中的群體，有以下兩類：

①主要群體是指個人經常性受其影響的非正式群體，如家庭、親密朋友、同事、鄰居等。

②次要群體是指個人並不經常受到其影響的正式群體，如工會、職業協會等。

（2）非所屬群體是指消費者置身之外，但對購買有影響作用的群體。有兩種情況，一種是期望群體，另一種是遊離群體。期望群體是個人希望成為其中一員或與其交往

的群體，遊離群體是遭到個人拒絕或抵制，極力劃清界限的群體。

企業營銷應該重視相關群體對消費者購買行為的影響作用；利用相關群體的影響開展營銷活動；還要注意不同的商品受相關群體影響的程度不同。商品能見度越強，受相關群體影響越大。商品越特殊、購買頻率越低，受相關群體影響越大。對商品越缺乏知識，受相關群體影響越大。

2. 社會階層

社會階層是指一個社會按照其社會準則將其成員劃分為相對穩定的不同層次。不同社會階層的人，他們的經濟狀況、價值觀念、興趣愛好、生活方式、消費特點、閒暇活動、接受大眾傳播媒體等各不相同。這些都會直接影響他們對商品、品牌、商店、購買習慣和購買方式。

企業營銷要關注本國的社會階層劃分情況，針對不同的社會階層愛好要求，通過適當的信息傳播方式，在適當的地點，運用適當的銷售方式，提供適當的產品和服務。

3. 家庭

一家一戶組成了購買單位，在企業營銷中應關注家庭對購買行為的重要影響。研究家庭中不同購買角色的作用，可以利用有效營銷策略，使企業的促銷措施引起購買發起者的注意，誘發主要營銷者的興趣，使決策者瞭解商品，解除顧慮，建立購買信心，使購買者購置方便。研究家庭生命週期對消費購買的影響，企業營銷可以根據不同的家庭生命週期階段的實踐需要，開發產品和提供服務。

4. 社會文化

每個消費者都是社會的一員，其購買行為必然受到社會文化因素的影響，文化因素有時對消費者購買行為起著決定性的作用。企業營銷必須予以充分的關注。

四、消費者購買決策過程

消費者購買是較複雜的決策過程，其購買決策過程一般可分為以下五個階段，並制定相應的營銷策略（見圖3-9）。

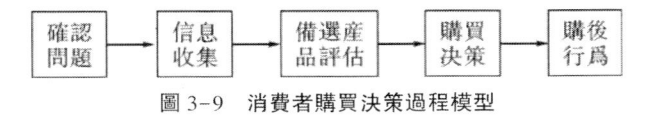

確認問題 → 信息收集 → 備選產品評估 → 購買決策 → 購後行為

圖3-9 消費者購買決策過程模型

當消費者意識到對某種商品有需要時，購買過程就開始了。消費者需要可以由內在因素引起，也可以由外在因素引起。此階段企業必須通過市場調研，認定促使消費者認識到需要的具體因素，營銷活動應致力於做好兩項工作：發掘消費驅策力；規劃刺激，強化需要。

在多數情況下，消費者還要考慮買什麼牌號的商品、花多少錢到哪裡去買等問題，需要尋求信息，瞭解商品信息。尋求的信息一般有產品質量、功能、價格、牌號、已經購買者的評價等。消費者的信息來源通常有以下四個方面：商業來源；個人來源；大眾來源；經驗來源。企業營銷任務是設計適當的市場營銷組合，尤其是產品品牌廣告策略，宣傳產品的質量、功能、價格等，以便使消費者最終選擇本企業的品牌。

消費者進行比較評價的目的是能夠識別哪一種牌號、類型的商品最適合自己的需要。消費者對商品的比較評價，是根據收集的資料，對商品屬性做出的價值判斷。消

費者對商品屬性的評價因人因時因地而異，有的評價注重價格，有的注重質量，有的注重牌號或式樣等。企業營銷首先要注意瞭解並努力提高本企業產品的知名度，使其進入消費者比較評價的範圍之內，才可能被選為購買目標。同時，還要調查研究人們比較評價某類商品時所考慮的主要方面，並突出進行這些方面宣傳，對消費者購買選擇產生最大影響。

消費者通過對可供選擇的商品進行評價，並做出選擇后，就形成購買意圖。在正常情況下，消費者通常會購買他們最喜歡的品牌。但是有時也會受兩個因素的影響而改變購買決定，即他人態度和意外事件。消費者修改、推遲或取消某個購買決定，往往是受已察覺風險的影響。「察覺風險」的大小由購買金額大小、產品性能優劣程度，以及購買者自信心強弱決定。企業營銷應盡可能設法減少這種風險，以推動消費者購買。

消費者購買商品后，購買的決策過程還在繼續，消費者要評價已購買的商品。企業營銷須給予充分的重視，因為它關係到產品日後的市場和企業的信譽。判斷消費者購后行為有兩種理論，即預期滿意理論和認識差距理論。企業營銷應密切注意消費者購后感受，並採取適當措施，消除不滿，提高滿意度。例如，經常徵求顧客意見，加強售後服務和保證，改進市場營銷工作，力求使消費者的不滿降到最低。

模塊 C　營銷技能實訓

實訓項目 1：情景模擬訓練——顧客投訴應對

1. 實訓目標

（1）通過情景模擬深入理解消費者購買行為及其影響因素；

（2）通過情景模擬提高針對消費者的問題的處理應對能力。

2. 實訓情景設置

（1）按模擬企業分組進行；

（2）每個企業模擬不同的處理方法；

（3）一個企業在模擬處理時，由其他企業人員模擬消費者的反應。

3. 實訓內容

某天，某購物廣場顧客服務中心接到一起顧客投訴，某顧客說從該商場購買的××品牌酸奶中吃出了蒼蠅。投訴的內容大致是：顧客趙女士從該商場購買了××品牌酸奶后，馬上去一家餐館和朋友一起吃飯，吃完飯后趙女士隨手拿出酸奶讓自己的孩子喝，趙女士在一邊跟朋友聊天，突然聽見孩子大叫：「媽媽，這裡面有蒼蠅。」趙女士馬上走過去，看見小孩子已經撕開的酸奶盒子裡有只蒼蠅。

趙女士當時非常生氣，帶著孩子就到商場來投訴。正在這時，有位值班經理看見了便走過來說：「你既然有問題，就帶小孩去醫院，有問題我們負責！」趙女士聽他這麼說，更是火冒三丈，大聲說：「你負責？好，現在我請你吃兩只蒼蠅，帶你去醫院檢查，我來負責怎麼樣？」邊說還邊在商場裡大喊大叫，並口口聲聲說要去消協投訴，引來許多顧客圍觀。

該購物廣場顧客服務中心經理知道后馬上前來處理。

（資料來源：王瑶. 市場營銷基礎實訓與指導 [M]. 北京：中國經濟出版社，2009）

問題：假如你是該購物廣場顧客服務中心經理，你將如何處理這個問題？

4. 實訓過程與步驟
（1）企業團隊提前討論，形成統一的處理方式；
（2）每個企業派出1人作為顧客服務中心經理代表企業來處理；
（3）一個企業在模擬處理時，由其他企業模擬消費者的反應；
（4）比較不同處理方式的消費者反應；
（5）即時的現場控製；
（6）任務完成時的實訓績效評價。

5. 實訓績效

_____實訓報告
第_____次市場營銷實訓

實訓項目：_____
實訓名稱：_____
實訓導師姓名：_____；職稱（位）：_____；單位：校內□ 校外□
實訓學生姓名：_____；專業：_____；班級：_____
實訓學期：_____；實訓時間：_____；實訓地點：_____
實訓測評：

評價項目	教師評價	得分	學生自評	得分
任務理解（20分）				
情景設置（20分）				
操作步驟（20分）				
任務完成（20分）				
訓練總結（20分）				

教師評價得分：_____ 學生自評得分：_____ 綜合評價得分：_____
實訓總結：
獲得的經驗：_____

存在的問題：_____

提出的建議：_____

實訓項目2：觀念應用訓練——消費者的選擇

1. 實訓目標
（1）通過情景模擬深入理解消費者購買行為及其影響因素；
（2）通過情景模擬提高針對消費者的問題的處理應對能力。

2. 實訓情景設置
（1）按模擬企業分組進行；
（2）每個企業模擬相似情景的實驗；

（3）一個企業在模擬某種情景時，由其他企業模擬消費者的選擇。

3. 實訓內容

心理學研究者奚愷元教授 1998 年做過一個冰淇淋實驗。把 7 盎司的哈根達斯冰淇淋 A 裝在 5 盎司的杯子裡，看上去都溢出來了。把 8 盎司的哈根達斯冰淇淋 B 裝在 10 盎司的杯子裡，看上去還沒有裝滿。消費者願意為哪一份哈根達斯冰淇淋付更多的錢呢？最後的實驗結果表明，平均來講，人們願意花 2.26 美元買冰淇淋 A，卻只願花 1.66 美元買冰淇淋 B。

（資料來源：屈冠銀. 市場營銷理論與實訓教程［M］. 北京：機械工業出版社，2006）

問題：（1）為什麼會出現這種現象？

（2）請每個企業做一個相似情景的實驗來驗證。

4. 實訓過程與步驟

（1）每個企業受領實訓任務；

（2）必要的理論引導和疑難解答；

（3）即時的現場控制；

（4）任務完成時的實訓績效評價。

5. 實訓績效

_____ 實訓報告
第_____次市場營銷實訓

實訓項目：_____

實訓名稱：_____

實訓導師姓名：_____；職稱（位）：_____；單位：校內□ 校外□

實訓學生姓名：_____；專業：_____；班級：_____

實訓學期：_____；實訓時間：_____；實訓地點：_____

實訓測評：

評價項目	教師評價	得分	學生自評	得分
任務理解（20分）				
情景設置（20分）				
操作步驟（20分）				
任務完成（20分）				
訓練總結（20分）				

教師評價得分：_____　學生自評得分：_____　綜合評價得分：_____

實訓總結：

獲得的經驗：_____

存在的問題：_____

提出的建議：_____

實訓項目3：能力拓展訓練——人物描述

1. 實訓目標
(1) 通過能力訓練提升洞悉人物內在心理的能力；
(2) 通過能力訓練提升發現營銷機會的能力。
2. 實訓情景設置
(1) 按模擬企業分組進行；
(2) 每個企業模擬不同的處理方法；
(3) 一個企業在模擬處理時，由其他企業模擬消費者的反應。
3. 實訓內容

每個企業提供2位本企業人員的彩色照片和2張產品或廣告圖片，交給實訓老師。

每個企業派出2位人員從實訓老師手中分別抽出1張照片（如果是本企業提交的照片則重新抽取），從年齡、身分、性格、興趣、生活方式、需求、喜好、心情等心理行為特點方面分別對自己抽取到的照片上的人物與背景進行描述和分析。然后請照片本人評價該位人員分析的準確性和生動性。

每個企業派出2位人員從實訓老師手中分別抽出1張圖片（如果是本企業提交的圖片則重新抽取）。兩個人一組（非本企業人員），每位人員抽到圖片后針對該圖片提出8個問題，請同組另一位人員回答。提出問題，例如，圖片的主題是什麼？圖片中最顯眼的是什麼？圖片與市場能建立什麼樣的聯繫？圖片中人、物、景可能有什麼聯繫？

4. 實訓過程與步驟
(1) 每個企業受領實訓任務；
(2) 必要的理論引導和疑難解答；
(3) 即時的現場控製；
(4) 任務完成時的實訓績效評價。

5. 實訓績效

實訓報告

第_____次市場營銷實訓

實訓項目：_____

實訓名稱：_____

實訓導師姓名：_____；職稱（位）：_____；單位：校內□ 校外□

實訓學生姓名：_____；專業：_____；班級：_____

實訓學期：_____；實訓時間：_____；實訓地點：_____

實訓測評：

評價項目	教師評價	得分	學生自評	得分
任務理解（20分）				
情景設置（20分）				
操作步驟（20分）				
任務完成（20分）				
訓練總結（20分）				

教師評價得分：_____　學生自評得分：_____　綜合評價得分：_____

實訓總結：

獲得的經驗：_____

_____

存在的問題：_____

_____

提出的建議：_____

_____

第四章　市場營銷調研與預測實訓

實訓目標：

（1）深入應用和掌握市場營銷調查方案的設計。
（2）深入應用和掌握市場營銷調查問卷的設計。
（3）深入應用和掌握市場營銷調查的實施與步驟。
（4）深入應用和掌握市場營銷調查報告的撰寫。

模塊 A　引入案例

四川樂山白酒消費市場調查方案

一、調查目的
（1）掌握樂山區域白酒消費市場的全面情況；
（2）掌握樂山區域白酒消費者的基本情況；
（3）分析樂山區域白酒消費者個人屬性與白酒消費之間的關聯關係；
（4）研究樂山區域白酒消費者購買行為習慣，進一步細分目標消費群體；
（5）為探索構建面向消費者的營銷體系、有效開展營銷策劃奠定基礎。

二、調查內容
（1）樂山區域白酒消費者基礎信息：姓名、性別、市場類型、年齡、學歷、職業、收入、聯繫方式等。
（2）樂山區域白酒消費者購買行為習慣：單次習慣購買量、購買頻率、主要消費價位、月均花費、收入變化對購買行為的影響、白酒價格變化對購買行為的影響、消費者購買行為類型等。
（3）樂山區域白酒購買場所：主要購買場所和選擇購買場所的原因。
（4）樂山區域白酒品牌消費情況：白酒類型偏好、產地偏好、品牌偏好、品牌選擇原因、品牌忠誠度和品牌替代關係等。

三、調查方法
（1）科學的隨機抽樣方法：分群隨機抽樣和分區隨機抽樣相結合。
（2）科學的詢問調查方法：留置問卷調查方法和面談訪問調查方法相結合。
（3）觀察調查方法：隨機觀察調查方法和部分重點定點調查方法相結合。
（4）文獻資料查閱研究方法：區域基礎資料和行業基礎資料相結合。
（5）綜合比較方法：縱向比較和橫向比較相結合。

四、樣本配置和抽取

(一) 配置樣本數量

調查方案從適齡人口、國內生產總值、社會消費品零售總額、可支配收入、區域特徵等方面的關鍵因素進行了綜合考慮,並計算各區縣相關因素的權重。

按照相應的權重計算出各區縣的總體權重,並以此為依據把樣本配置到11個區縣,以確保通過調查反應樂山整個區域白酒消費者市場的全面情況。

表本配置和抽取情況如表4-1所示:

表4-1　　　　　　　　　　樣本配置和抽取表

區縣	區域特徵	人口 總人口(人)	適齡人口(人)	比重(%)	國內生產總值 國內生產總值(萬元)	比重(%)	社會消費品零售總額 金額(萬元)	比重(%)	權重(%)	樣本數(人)
市中區	旅遊區	575,479	484,355	16.81	925,282	20.43	367,408	22.65	19.96	240
峨眉山		434,990	359,991	12.49	746,387	16.48	262,730	16.20	15.06	181
沙灣區		196,628	164,858	5.72	550,067	12.14	118,689	7.32	8.39	101
五通橋	工業區	325,562	275,530	9.56	493,921	10.90	227,756	14.04	11.50	138
金口河		63,803	50,970	1.77	115,240	2.54	15,262	0.94	1.75	21
夾江縣		350,415	286,726	9.95	479,649	10.59	135,160	8.33	9.62	115
犍為縣		570,938	467,255	16.22	458,834	10.13	221,873	13.68	13.34	160
井研縣	農業區	414,493	337,829	11.72	278,583	6.15	118,270	7.29	8.39	101
沐川縣		257,884	203,557	7.06	201,584	4.45	76,252	4.70	5.41	65
馬邊縣	民族區	197,913	156,841	5.44	116,117	2.56	25,858	1.59	3.20	38
峨邊縣		146,444	103,475	3.59	164,421	3.63	52,663	3.25	3.49	42
樂山市		3,524,549	2,881,387	100	4,529,731	100	1,621,922	100	100	1200

(二) 確定抽樣區域和路線

在把樣本配置到各區縣後,再根據適齡人口、國內生產總值、社會消費品零售總額、可支配收入、區域特徵等方面關鍵因素對各區縣情況進行了綜合考慮。

按照各區縣樣本配置情況,通過科學的隨機抽樣,在各區縣的街道、鎮、鄉、村等隨機抽取樣本,以確保通過調查反應當地區域白酒消費者市場的全面情況。

確定抽樣區域和路線如表4-2所示:

表4-2　　　　　　　　　　抽樣區域和路線表

線路		樣本數(人)	里程(千米)	樣本抽取區域	調查人員
1	金口河	21	130	和平彝族鄉、永和鎮	
	峨邊縣	42		紅花鄉、沙坪鎮、新場鄉	

表4-2(續)

線路		樣本數（人）	里程（千米）	樣本抽取區域	調查人員
2	峨眉山	181	65	綏山鎮、九里鎮、羅目鎮、龍池鎮、樂都鎮、峨山鎮、大為鎮、符溪鎮、雙福鎮、高橋鎮、勝利鎮、新平鄉、黃灣鄉	
	夾江縣	115		馮城鎮、甘江鎮、黃土鎮、界牌鎮、甘霖鎮、馬村鄉、土門鄉、順河鄉	
3	馬邊縣	38	130	民建鎮、勞動鄉、下溪鄉、榮丁鎮	
	沙灣區	101		銅茨鄉、牛石鎮、福祿鎮、葫蘆鎮、軫溪鄉、沙灣鎮、嘉農鎮	
4	沐川縣	65	130	永福鎮、建和鄉、幸福鄉、沐溪鎮、新凡鄉、利店鎮、鳳村鄉、舟壩鎮、茨竹鄉	
	犍為縣	160		九井鄉、雙溪鎮、清溪鎮、玉津鎮、下渡鄉、羅城鎮、定文鎮、舞雩鄉、塘壩鄉、岷東鄉、石溪鎮	
5	井研縣	101	65	研城鎮、千佛鎮、三江鎮、石牛鄉、竹園鎮、馬踏鎮、王村鄉、磨池鎮	
	五通橋	138		金粟鎮、橋溝鎮、竹根鎮、金山鎮、西壩鎮、楊柳鎮、牛華鎮、冠英鎮	
	市中區	240		張公橋街道、泊水街街道、上河街街道、篦子街街道；通江鎮、土主鎮、茅橋鎮、蘇稽鎮、水口鎮、安谷鎮、綿竹鎮、全福鎮、九峰鎮、羅漢鎮、車子鎮；劍峰鄉、凌雲鄉、楊灣鄉	

五、調查步驟及進度

調查步驟及進度如表4-3所示：

表4-3　　　　　　　　　調查步驟和進度表

工作任務	所需天數（天）	起止日期（待定）		剩餘天數（天）
		開始	終止	
A. 制訂計劃	1			19
B. 起草複製問卷	2			17
C. 人員培訓	1			16
D. 資料調查	2			14
E. 實地調查	10			4
F. 整理分析資料	2			2
G. 撰寫報告	2			0

六、經費預算

經費預算如表 4-4 所示：

表 4-4　　　　　　　　　　　　經費預算表

項目		金額（元）	備註
問卷設計製作費用		2600	問卷設計、製作、打印等費用
資料調查費用		1500	查閱統計資料、走訪相關部門收集數據等
人員勞務費用	學生	25×50×8 = 10,000	
	教師	5×180×8 = 7200	
人員交通費用		520×2×3×2.5 = 7800	租車費用
人員住宿費用		30×35×8 = 8400	建議按標準實報實銷（包括司機 5 人）
問卷收集統計費用		3000	問卷整理、統計分析等費用
結果分析費用		3000	形成調查報告 2 份
禮品購買費用		2000	購買消費者調查所需禮品
其他		2500	保險、藥品、過路過橋費（實報實銷）等
合計		48,000	

案例思考：

（1）市場營銷調查方案設計有什麼重要作用？
（2）市場營銷調查方案應該包含哪些主體內容？

模塊 B　基礎理論概要

一、市場營銷調研的內涵

（一）市場營銷調研的定義

所謂市場營銷調研（Marketing Research），是指運用科學方法，有計劃、有目的地收集、整理與分析研究有關市場營銷方面的信息，瞭解企業及市場營銷環境的歷史、現狀及其影響因素的變化，發現機會和問題，提出解決問題的建議，為企業的市場預測及營銷決策提供依據。

（二）市場營銷調研的類型

1. 按調研時間分類

按調研時間分為：一次性調研、定期性調研、經常性調研、臨時性調研。

2. 按調研目的分類

按調研目的分為：探測性調研、描述性調研、因果關係調研。

（1）探測性調研，即在情況不明時找出問題的癥結，明確進一步調研的內容和重

點，進行非正式初步調研。

（2）描述性調研，即在明確問題的內容和重點後，詳細地調查和分析，客觀地描述，對問題如實地反應和具體地回答。

（3）因果關係調研，即在描述性調研基礎上，進一步分析問題發生的因果關係，鑑別和解釋某種變量的變化究竟受哪些因素的影響及影響程度。

3. 按市場營銷調研的範圍分類

按市場營銷調研的範圍分為：專題性調研和綜合性調研。

（1）專題性調研，即為解決某個具體問題而進行的調查研究。

（2）綜合性調研，即為全面瞭解市場營銷的狀況和面對市場營銷活動進行的各個方面的調研。

二、市場營銷調研的內容

（一）市場營銷環境調研

市場營銷環境調研主要是針對企業外部環境因素的調研，包括宏觀環境因素和中觀環境因素。宏觀環境因素調研一般從政治法律因素、經濟因素、社會文化因素、技術因素和自然環境因素等方面來進行。中觀環境因素調研一般從供應商、顧客、勞動力市場、競爭對手、社會公眾、金融機構、政府機關等方面進行。

（二）市場需求調研

市場需求調研包括市場需求總量及其構成的調研、各細分市場及目標市場需求的調研、市場份額及其變化趨勢的調研等。

（三）消費市場調研

消費市場調研包括消費者人文情況調研、消費者收入情況調研、消費者購買行為調研、商品擁有率調研等。

（四）產品狀況調研

產品狀況調研主要包括產品狀況調研和產品價格調研。產品狀況調研從產品實體、產品形體、產品服務等方面進行。產品價格調研從產品成本及比價、價格與供求關係、定價效果等方面進行。

（五）銷售渠道的調研

銷售渠道的調研包括現有銷售渠道的調研、經銷單位調研、渠道調整的可行性分析等。

（六）廣告及促銷狀況調研

廣告及促銷狀況調研包括廣告及促銷客體的調研、廣告及促銷主體的調研、廣告及促銷媒體的調研、廣告及促銷受眾的調研、廣告及促銷效果的調研等。

（七）競爭對手調研

競爭對手調研主要調查企業的主要競爭對手及潛在競爭對手的數量與實力，包括

競爭對手的產品策略、價格策略、渠道策略和促銷策略等。

（八）企業形象調研

企業形象調研包括企業理念形象的調研、企業行為形象的調研、企業視覺傳遞形象的調研等。

三、市場營銷調研的步驟

市場營銷調研的步驟如圖4-1所示：

明確調研主題 → 擬訂調研計劃 → 收集調研信息 → 分析調研信息 → 形成調研報告

圖4-1 市場營銷調研的步驟

（一）明確調研主題

確定主要解決的問題與總體的調研目標。不同行業、不同地域、不同企業要求各不一樣。

（二）擬訂調研計劃

明晰調查目的、調查項目、確定調查樣本（對象）、調研範圍、調查日程安排、調查方法、經費估計等。

確定調查樣本（對象）包括樣本數的確定和選定抽樣方法。樣本數的確定是基於普查和典型調查的抉擇，根據調查課題的要求、調查項目在樣本間差異的大小、企業可投入調查的人力和財力情況等因素來確定調查樣本數。抽樣方法包括隨機抽樣法和非隨機抽樣法。隨機抽樣包括單純隨機抽樣法、均勻間隔抽樣、分層隨機抽樣法、分群隨機抽樣法；非隨機抽樣包括便利抽樣法、判斷抽樣法、配額抽樣法。

（三）收集調研信息

收集資料分為現有資料和原始資料兩種。現有資料又稱為第二手資料，是經過他人收集、記錄和整理所累積起來的各種數據和文字資料。原始資料又稱為第一手資料，是調查人員通過實地調查所取得的資料。

直接調查法包括固定樣本連續調查法、觀察調查法、實驗調查法、詢問調查法（面談調查、電話調查、郵寄調查、留置問卷調查）。

間接調查法包括卡片整理法、隨機反應法、字眼聯想法、填空連句法、漫畫測驗法。

（四）分析調研信息

分析調研信息的主要工作是整理獲取的資料，採用各種統計方法對所有的調查數據進行統計分析。

（五）形成調研報告

撰寫具備系統化、簡單化和表格化要求的調研報告，提出結論和意見，達到簡明、準確、完整、科學和適用的目的，作為科學決策的依據。

四、市場營銷預測

（一）市場營銷預測的概念

市場營銷預測是指通過對市場營銷信息的分析和研究，尋找市場營銷的變化規律，並以此規律去推斷未來的過程。

（二）市場營銷預測的類型

市場營銷預測的類型根據不同的標準有不同的劃分。根據預測範圍劃分為宏觀預測和微觀預測；根據預測期時間的長短來劃分為長期預測、中期預測和短期預測；根據預測時所用方法的性質劃分為定性預測和定量預測。

（三）市場營銷預測的步驟

首先，確定預測目標；其次，收集整理資料；再次，選定預測方法；最後，分析預測誤差，調整預測結果，做出最終預測。

（四）市場營銷預測的內容與方法選擇

1. 市場需求量的預測

可用市場調研預測法、成長曲線趨勢外推法、迴歸分析法建立需求函數進行預測。

2. 商品銷售量的預測

一般商品的銷售量可用市場因素推演法、綜合判斷法、主觀概率法進行預測；季節性商品的銷售量則採用另外的預測方法。

3. 企業市場佔有率的預測

企業的市場佔有率是指絕對市場佔有率，即本企業產品的銷售額與某地區同類產品的銷售總額之比率，可以運用馬爾科夫鏈來進行預測。

4. 市場潛量預測

某產品的市場潛量是指該產品市場需求的最大值，即在既定環境下，當行業營銷費用趨向無窮大時，市場需求的極限值。市場潛量的測定可以運用潛在購買者推算法和鎖比法。

五、市場調查方案設計

市場調查的總體方案設計是對市場調查工作各個方面和全部過程的通盤考慮，包括了整個調查工作過程的全部內容。市場調查總體方案是否科學、可行，是整個調查成敗的關鍵。市場調查總體方案設計主要包括下述幾項內容：確定調查目的、確定調查對象和調查單位、確定調查項目、制定調查提綱和調查問卷、確定調查時間和調查工作期限、確定調查地點、確定調查方式和方法、確定調查資料整理和分析方法、確

定提交報告的方式、制訂調查的組織實施計劃。

(一) 確定調查目的

明確調查目的是調查設計的首要問題，只有確定了調查目的，才能確定調查的範圍、內容和方法，否則就會列入一些無關緊要的調查項目，而漏掉一些重要的調查項目，無法滿足調查的要求。確定調查目的，就是明確在調查中要解決哪些問題，通過調查要取得什麼樣的資料，取得這些資料有什麼用途等問題。衡量一個調查設計是否科學的標準，主要就是看方案的設計是否體現調查目的的要求，是否符合客觀實際。

(二) 確定調查對象和調查單位

明確了調查目的之後，就要確定調查對象和調查單位，這主要是為了解決向誰調查和由誰來具體提供資料的問題。調查對象就是根據調查目的、任務確定調查的範圍以及所要調查的總體對象，它是由某些性質上相同的許多調查單位所組成的。調查單位就是所要調查的社會經濟現象總體中的個體，即調查對象中的一個個具體單位，它是調查中要調查登記的各個調查項目的承擔者。

在確定調查對象和調查單位時，應該注意以下問題：

第一、由於市場現象具有複雜多變的特點，因此在許多情況下，調查對象也是比較複雜的，必須用科學的理論為指導，嚴格規定調查對象的涵義，並指出它與其他有關現象的界限，以免造成調查登記時由於界限不清而發生的差錯。例如，以城市職工為調查對象，就應明確職工的涵義，劃清城市職工與非城市職工、職工與居民等概念的界限。

第二、調查單位的確定取決於調查目的和對象，調查目的和對象變化了，調查單位也要隨之改變。例如，要調查城市職工基本情況時，這時的調查單位就不再是每一戶城市職工家庭，而是每一個城市職工了。

第三、不同的調查方式會產生不同的調查單位。如採取普查方式，調查總體內所包括的全部單位都是調查單位；如採取重點調查方式，只有選定的少數重點單位是調查單位；如果採取典型調查方式，只有選出的有代表性的單位是調查單位；如果採取抽樣調查方式，則用各種抽樣方法抽出的樣本單位是調查單位。

(三) 確定調查項目

調查項目是指對調查單位所要調查的主要內容，確定調查項目就是要明確向被調查者瞭解些什麼問題。在確定調查項目時，除要考慮調查目的和調查對象的特點外，還要注意以下幾個問題：

第一、確定的調查項目應當既是調查任務所需，又是能夠取得答案的。凡是調查需要又可以取得的調查項目要充分滿足，否則不應列入。

第二、項目的表達必須明確，要使答案具有確定的表示形式，如數字式、是否式或文字式等。否則，會使被調查者產生不同理解而做出不同的答案，造成匯總時的困難。

第三、確定調查項目應盡可能做到項目之間相互關聯，使取得的資料相互對照，以便瞭解現象發生變化的原因、條件和后果，便於檢查答案的準確性。

第四、調查項目的涵義要明確、肯定，必要時可附以調查項目解釋。

（四）制定調查提綱和調查問卷

當調查項目確定后，可將調查項目科學地分類、排列，構成調查提綱或調查問卷，方便調查登記和匯總。

（五）確定調查時間和調查工作期限

調查時間是指調查資料所屬的時間。如果所要調查的是時期現象，就要明確規定資料所反應的是調查對象從何時起到何時止的資料。如果所要調查的是時點現象，就要明確規定統一的標準調查時點。

調查期限是規定調查工作的開始時間和結束時間，包括從調查方案設計到提交調查報告的整個工作時間，也包括各個階段的起始時間，其目的是使調查工作能及時開展、按時完成。為了提高信息資料的時效性，在可能的情況下，調查期限應適當縮短。

（六）確定調查地點

在調查方案中，還要明確規定調查地點。調查地點與調查單位通常是一致的，但也有不一致的情況，當不一致時尤其有必要規定調查地點。

（七）確定調查方式和方法

在調查方案中，還要規定採用什麼組織方式和方法取得調查資料。收集調查資料的方式有普查、重點調查、典型調查、抽樣調查等。具體調查方法有文案法、訪問法、觀察法和實驗法等。在調查時，採用何種方式、方法不是固定和統一的，而是取決於調查對象和調查任務。在市場經濟條件下，為準確、及時、全面地取得市場信息，尤其應注意多種調查方式的結合運用。

（八）確定調查資料整理和分析方法

採用實地調查方法收集的原始資料大多是零散的、不系統的，只能反應事物的表象，無法深入研究事物的本質和規律性，這就要求對大量原始資料進行加工匯總，使之系統化、條理化。目前這種資料處理工作一般已由計算機進行，這在設計中也應予以考慮，包括採用何種操作程序以保證必要的運算速度、計算精度及特殊目的。

隨著經濟理論的發展和計算機的運用，越來越多的現代統計分析手段可供我們在分析時選擇，如迴歸分析、相關分析、聚類分析等。每種分析技術都有其自身的特點和適用性，因此應根據調查的要求，選擇最佳的分析方法並在方案中加以規定。

（九）確定提交報告的方式

確定提交報告的方式主要包括調查報告書的形式和份數、報告書的基本內容、報告書中圖表量的大小等。

（十）制訂調查的組織實施計劃

調查的組織實施計劃是指為確保實施調查的具體工作計劃，內容主要包括調查的組織領導、調查機構的設置、調查人員的選擇、培訓和分工、調查經費開支的預算、工作步驟及其善後處理等。必要時候，還必須明確規定調查的組織方式。

調查步驟及進度和調查經費開支預算分別參見表 4-5、表 4-6。

表 4-5　　　　　　　　　　　調查步驟及進度

工作任務	所需天數	起止日期（待定）		剩余天數
		開始	終止	
A. 制訂計劃				
B. 起草複製問卷				
C. 人員培訓				
D. 資料調查				
E. 實地調查				
F. 整理分析資料				
G. 撰寫報告				

表 4-6　　　　　　　　　　　調查經費開支預算

項目	金額（元）	備註
問卷設計製作費用		問卷設計、製作、打印等費用
資料調查費用		查閱統計資料、走訪相關部門收集數據等
人員勞務費用		
人員交通費用		
人員住宿費用		
問卷收集統計費用		問卷整理、統計分析等費用
結果分析費用		形成調查報告
禮品購買費用		購買消費者調查所需禮品
其他		保險、藥品、過路過橋費等
合計		

六、市場調查問卷設計

調查問卷（Questionnaire）又稱調查表或詢問表，是調查者根據一定的調查目的和要求，按照一定的理論假設設計出來的，由一系列問題、調查項目、備選答案及說明所組成的，向被調查者收集資料的一種工具。

（一）市場調查問卷的功能

第一，把研究目標轉化為特定的問題。

第二，使問題和回答範圍標準化，讓每一個人面臨同樣的問題環境。

第三，通過措辭、問題流程和卷面形象來獲取應答者的合作，並在整個談話中激勵被訪問者。

第四，可作為調研活動的永久記錄。

第五，能加快數據分析的進程。

(二) 市場調查問卷的類型

1. 根據市場調查中使用問卷方法的不同分類

(1) 自填式問卷是指由調查者發給（或郵寄給）被調查者，被調查者根據實際情況自己填寫的問卷。

(2) 代填式問卷是指調查者按照事先設計好的問卷或問卷提綱向被調查者提問，然后根據被調查者的回答，由調查者進行填寫的問卷。

2. 根據問卷發放方式的不同分類

(1) 送發式問卷是指由調查者將調查問卷送發給選定的被調查者，待被調查者填答完畢之後再統一收回。

(2) 郵寄式問卷是指通過郵局將事先設計好的問卷郵寄給選定的被調查者，並要求被調查者按規定的要求填寫后回寄給調查者。

(3) 報刊式問卷是指隨報刊的傳遞發送問卷，並要求報刊讀者對問題如實作答並回寄給報刊編輯部。

(4) 人員訪問式問卷是指由調查者按照事先設計好的調查提綱或調查問卷對被調查者提問，然后再由調查者根據被調查者的口頭回答如實填寫問卷。

(5) 電話訪問式問卷是指通過電話來對被調查者進行訪問調查的問卷類型。

(6) 網上訪問式問卷是指在互聯網上製作，並通過互聯網來進行調查的問卷類型。

(三) 市場調查問卷的基本結構

一份完整的調研問卷通常由標題、說明、填表指導、調研主題內容、編碼和被訪者基本情況、訪問員情況、結束語等內容構成。

1. 問卷的標題

問卷的標題概括地說明調研主題，使被訪者對所要回答的問題有一個大致的瞭解。確定問卷標題要簡明扼要，但又必須點明調研對象或調研主題。例如，「××市大學生手機消費情況調研」，而不要簡單採用「手機消費調查問卷」這樣的標題，這樣無法使被訪者瞭解明確的主題內容，妨礙接下去回答問題的思路。

2. 問卷說明

在問卷的卷首一般有一個簡要的說明，主要說明調研意義、內容和選擇方式等，以消除被訪者的緊張和顧慮。問卷的說明要力求言簡意賅，文筆親切又不太隨便。例如：「我是×××機構的採訪員，我們正在進行一項關於×××的市場調查，旨在瞭解×××的基本情況，以分析×××發展的趨勢和前景。您的回答無所謂對錯，只要能真正反應您的想法就達到我們這次調查的目的。希望您能夠積極參與，我們將對您的回答完全保密。調查會耽誤您10分鐘左右的時間，請您諒解。謝謝您的配合和支持。」

3. 填表指導

對於需要被訪者自己填寫的問卷，應在問卷中告訴回答者如何填寫問卷。填表指導一般可以寫在問卷說明中，也可單獨列出，其優點是要求更加清楚，更能引起回答

者的重視。例如，問卷答案沒有對錯之分，只需根據自己的實際情況填寫即可；問卷的所有內容需您個人獨立填寫，如有疑問，敬請垂詢您身邊的工作人員；您的答案對於我們改進工作非常重要，希望您能真實填寫。

4. 調研主題內容

調研主題內容是按照調研設計逐步逐項列出調研的問題，是調研問卷的主要部分。這部分內容的好壞直接影響整個調研價值的高低。

5. 編碼

編碼是將問卷中的調研項目以及被選答案變成統一設計的代碼的工作過程。如果問卷均加以編碼，就會易於進行計算機處理和統計分析。一般情況都是用數字代號編碼，並在問卷的最右側留出「統計編碼」位置。

6. 被訪者基本情況

這是指被訪者的一些主要特徵，如個人的姓名、性別、年齡、民族、單位、住址等。這些是分類分析的基本控制變量。在實際調研中要根據具體情況選定詢問的內容，並非多多益善。如果在統計問卷信息時不需要統計被訪者的特徵，就不需要詢問。這類問題一般適宜放在問卷的末尾。如問題不是很隱私，也可以考慮放在「問卷說明」後面。

7. 訪問員情況

在調研問卷的最後，要求附上調研人員的姓名、調研日期、調研的起止日期等，以利於對問卷質量進行監察控制。如果被訪者基本情況是放在「問卷說明」的後面，訪問員情況也可以考慮和被訪者的基本情況放在同一個表格中。

8. 結束語

結束語一般採用以下三種表達方式：

（1）周密式。對被訪者的合作再次表示感謝，以及關於不要填漏與復核的請求。這種表達方式既顯示訪問者首尾一貫的禮貌，又督促被訪者填好未回答的問題和改正有錯的答案。例如：「對於你所提供的協助，我們表示誠摯的感謝！為了保證資料的完整與詳實，請你再花一分鐘，瀏覽一下自己填過的問卷，看看是否有填錯、填漏的地方。謝謝！」

（2）開放式。提出該次調查研究中的一個重要問題，在結尾安排一個開放式的問題，以瞭解被訪者在標準問題上無法回答的想法。例如：「你對於制定關於××產品限價的政策有何建議？」

（3）回應式。提出關於該次調研的形式與內容的感受或意見等方面的問題，徵詢被訪者的意見。問題形式可用封閉式，也可用開放式。

（4）封閉式。例如：「你填完問卷后對我們的這次調查有什麼感想（單選）？」

（四）市場調查問卷設計過程

市場調查問卷設計的過程一般包括十大步驟：確定所需信息；確定問卷的類型；確定問題的內容；確定問題的類型；確定問題的措辭；確定問題的順序；問卷的排版和佈局；問卷的預試；問卷的定稿；問卷的評價。

1. 確定所需信息

把握所有達到研究目的和驗證研究假設所需要的信息，確定用於分析使用這些信息的方法，並按這些分析方法所要求的形式來收集資料、把握信息。

2. 確定問卷的類型

要綜合考慮制約問卷類型選擇的因素，如調研費用、時效性要求、被調查對象、調查內容。

3. 確定問題的內容

確定問題的內容，最好與被調查對象聯繫起來，即確定這個問題對某類調查對象是否簡單、熟悉、有趣、易回答。

（1）問題必須與調查主題緊密相關。在問卷設計之初要找出與調查主題相關的要素。例如，調查某化妝品的用戶消費感受，這裡並沒有一個現成的選擇要素的法則。但從問題出發，特別是結合一定的行業經驗與商業知識，要素是能夠被尋找出來的。一是使用者（可認定為購買者），包括其基本情況（如性別、年齡、皮膚類型等）、使用化妝品的情況（是否使用過該化妝品、週期、使用化妝品的日常習慣等）；二是購買力和購買欲，包括其社會狀況收入水平、受教育程度、職業等，化妝品消費特點（品牌、包裝、價位、產品外觀等），使用該化妝品的效果（如價格、使用效果、心理滿足等）；三是產品本身，包括對包裝與商標的評價、廣告等促銷手段的影響力、與市場上同類產品的橫向比較等。

（2）問題的設置是否具有普遍意義。這是問卷設計的一個基本要求。一些常識性的錯誤會使調查委託方低估調查者的水平。舉例如下：

問題：你擁有哪一種信用卡？

答案：A. 長城卡；B. 牡丹卡；C. 龍卡；D. 維薩卡；E. 金穗卡。

其中「D」的設置是錯誤的，應該避免。在一般性的問卷技巧中，需要注意的是不能犯問題內容上的錯誤。

（3）問題的設計要有整體感。這種整體感即是問題與問題之間要具有邏輯性、條理性、程序性，獨立的問題本身也不能出現邏輯上的謬誤，從而使問卷成為一個相對完善的小系統。由於問題設置緊密相關，因而能夠獲得比較完整的信息。調查對象也會感到問題集中、提問有章法。相反，假如問題是發散的、帶有意識流痕跡的，問卷就會給人以隨意性而不是嚴謹的感覺。

（4）問題要清晰明確、便於回答。如時間耗費設置為「10~60分鐘」或「1小時以內」等，則不僅不明確、難以說明問題，而且令被訪問者也很難作答。又如，問卷中常有「是」或「否」一類的是非式命題，舉例如下：

問題：您的婚姻狀況是（　　）。

答案：A. 已婚；B. 未婚。

顯而易見，此題還有第三種答案（離婚/喪偶/分居）。如按照以上方式設置則不可避免地會發生選擇上的困難和有效信息的流失。

（5）問題要設置在中性位置、不參與提示或主觀臆斷，完全將被訪問者的獨立性與客觀性擺在問卷操作的限制條件的位置上。舉例如下：

問題：你認為這種化妝品對你的吸引力在哪裡？

A. 迷人的色澤；B. 芳香的氣味；C. 滿意的效果；D. 精美的包裝。

這樣一種設置則具有了誘導和提示性，從而在不自覺中掩蓋了事物的真實性。

（6）便於整理、分析。成功的問題設計除了考慮到緊密結合調查主題與方便信息收集外，還要考慮到容易得出調查結果和具有說服力。這就需要考慮到問卷在調查後的整理與分析工作。

4. 確定問題的類型

問題的類型歸結起來可以分為三類：開放式問題、封閉式問題、混合型問題。

（1）開放式問題（Open-end Questions）。開放式問題也稱自由問答題，只提問題或要求，不給具體答案，要求被調查者根據自身實際情況自由作答。開放式問句主要限於探測性調研。開放式問題一般用於作為調查的引入、對調查的介紹；用於當某個問題的答案太多或根本無法預料時；由於研究需要，必須在研究報告中原文引用被調查者的原話時，需要採用開放式問題。開放式問題的設計方式很多，主要有以下幾類：

①自由回答法。自由回答法要求被調查者根據問題要求，用文字形式自由表述。例如：「你對中國東方航空公司的服務有什麼意見？」

②詞語聯想法。給被調查者一個有許多意義的詞或詞表，讓被調查者看到詞後馬上說出或者寫出最先聯想到的詞。例如：「當你聽到下列文字時，你腦海中湧現的第一個詞是什麼？航空公司、東方航空、旅行……」

③句子完成法。提出一些不完整的詞句，每次一個，由被調查者完成該詞句。例如：「當我選擇一個航空公司時，在我的決定中最重要的考慮點是＿＿＿＿＿＿。」

④文章完成法。由調查者向被調查者提供有頭無尾或有尾無頭的文章，由被調查者按自己的意願來完成，使之成篇，從而借以分析被調查者的隱密動機。例如：「我在幾天前乘了東航班機。我注意到該飛機的內部都展現了明亮的顏色，這使我產生了下列聯想和感慨＿＿＿＿＿（現在請你完成這一故事）。」

⑤角色扮演法。這種方式不讓被調查者直接說出自己對某種產品的動機和態度，而讓其通過觀察別人對這種產品的動機和態度來間接暴露自己的真實動機和態度。

（2）封閉式問題（Closed-end Questions）。給定備選答案，要求被調查者從中做出選擇，或者給定「事實性」空格，要求如實填寫。

①兩項選擇題也稱是非題，是多項選擇的一個特例，一般只設兩個選項，如「是」與「否」；「有」與「沒有」等。這兩種答案是對立的、排斥的，被調查者的回答非此即彼，不能有更多的選擇。例如：「在安排這次旅行中，您打算使用中國東方航空公司的電話服務嗎？是□　否□」

②多項選擇題。多項選擇題是從多個備選答案中選擇一個或選擇幾個。這是各種調查問卷中採用最多的一種問題類型。由於所設答案不一定能表達出填表人所有的看法，所以在問題的最后通常可設「其他」項目，以便使被調查者表達自己的看法。例如：「在本次飛行中，您和誰一起旅行？沒有□　只有孩子□　配偶□　同事/朋友/親屬□　配偶和孩子□　一個遊覽組□　其他□」

③填入式問題。填入式問題一般針對只有唯一答案（對不同人有不同答案）的問

題。例如：「您工作年限是＿＿＿＿年。」

④順位式問題又稱序列式問題，是在多項選擇的基礎上，要求被調查者對詢問的問題答案，按自己認為的重要程度和喜歡程度順位排列。順位法便於被調查者對其意見、動機、感覺等做衡量和比較性的表達，也便於對調查結果加以統計。但調查項目不宜過多，過多則容易分散，很難順位，同時所詢問的排列順序也可能對被調查者產生某種暗示影響。例如：「請您對東航的下列改進項目排列順序：1. 食品服務□ 2. 衛生服務□ 3. 登機時間□ 4. 行李服務□ 5. 售票服務□」

⑤態度評比測量題。態度評比測量題是將消費者態度分為多個層次進行測量，其目的在於盡可能多地瞭解和分析被調查者群體客觀存在的態度。例如：「您喜不喜歡喝礦泉水？很不喜歡□ 不太喜歡□ 一般□ 比較喜歡□ 很喜歡□」

⑥矩陣式問題。矩陣式問題是將若干同類問題及幾組答案集中在一起排列成一個矩陣，由被調查者按照題目要求選擇答案。矩陣式問題可以採取表格式矩陣（見表4-7），也可以採取非表格式矩陣形式。

表 4-7　　　　　　　　　　矩陣式問題示例

・「您在商場購物時，是否存在下列現象？存在程度如何？」（請在相應的空格內打√）

現象＼程度	經常存在	偶爾存在	不存在	不知道	不想回答
（1）售貨員態度不好					
（2）商場過於擁擠					
（3）排隊等候結帳					
（4）以次充好					
（5）不退貨					

⑦比較式問題。比較式問題是將若干可比較的事物整理成兩兩對比的形式，由被調查者進行比較後選擇。例如：「您出國旅行優先考慮哪國航空公司？1. 中國與美國□ 2. 中國與日本□ 3. 中國與泰國□ 4. 中國與新加坡□」

（3）混合型問題。混合型問題又稱半開放半封閉式問題，是一種介於開放式問題和封閉式問題之間的一種問題設計方式，即在一個問題中，只給出一部分答案，被調查者可從中挑選，另一部分答案則不給出，要求被調查者根據自身實際情況自由作答。半開放半封閉式問題應用較少，因為很多場合下，可以將其一分為二。

5. 確定問題的措辭

在問卷設計的措辭方面，需要注意以下問題：

（1）問題的陳述應盡量簡潔、清楚，避免模糊信息；
（2）避免提帶有雙重或多重含義的問題；
（3）最好不用反義疑問句，避免使用否定句；
（4）注意避免問題的從眾效應和權威效應；
（5）避免使用引導性語句；

（6）避免使用斷定性語句；

（7）避免使用假設性問題.

6. 確定問題的順序

確定問題的順序是指問題相互之間的排列組合和排列順序。確定問題的排列順序必須遵循以下兩條基本要求，即便於被調查者順利作答；便於資料的整理和分析。為此，問題的排列要有邏輯性。具體要求如下：

（1）先易后難，按問題的難易程度排列次序；

（2）先近后遠（或先遠后進），按問題的時間先后順序排列次序；

（3）同類集中，相同性質或同類問題盡量集中排列。

各種性質問題的順序示例如表 4-8 所示：

表 4-8　　　　　　　　　　　各種性質問題的順序

位置	類型	例子	理論基礎
過濾性問題	限制性問題	「去年的 12 月中您曾滑過雪嗎?」「您擁有一副雪橇嗎?」	為了辨別目標回答者，對去年滑過雪的雪橇擁有者的調查
最初幾個問題	適應性問題	「您擁有何種品牌的雪橇?」「您已使用幾年了?」	易於回答，向回答者表明調查很簡單
前 1/3 的問題	過渡性問題	「您最喜歡雪橇的哪些特徵?」	與調研目的有關，需稍動些腦筋才能回答
中間 1/3 的問題	難於回答及複雜的問題	「以下是雪橇的 10 個特徵請用以下量表分別評價您的雪橇的特徵。」	應答者已保證完成問卷並發現只剩下幾個問題
最后部分	分類和個人情況	「您的最高學歷是什麼?」	有些問題可能被認為是個人問題，應答者可能留下空白，但它們是在調查的末尾。

7. 問卷的排版和佈局

總的要求：一是整齊、美觀；二是便於閱讀、作答；三是便於統計。具體要求如下：

（1）卷面排版不能過緊、過密，字間距、行間距要適當。

（2）字體和字號要有機組合，可適當通過變換字體和字號來美化版面。問卷題目一定要醒目，可以採用黑體，字號可以選擇「一號」「初號」或直接「自定義」大小。至於問題和答案，要選擇「小四」或「四號」字，也可用「五號」字，但問題和答案一定要有變化，應該突出問題。突出問題的方法很多，比如說加粗、放大字號、改變字體等。問卷的說明信、結束語和正文字體也要有所變化。通常的做法是說明信、結束語部分採用楷體，正文部分（調查內容）採用宋體或仿宋體。

（3）對於開放式問答題，一定要留足空格以供被調查者填寫，不要期望被調查者自備紙加頁。對於封閉式問答題，給出的每一個答案前都應有明顯的標記，答案與答案之間要有足夠的空格。

（4）注意一些細節性問題。例如，在可能的情況下，一個題目最好不要編排成兩

頁；核對一定要仔細，不要出現漏字、錯字現象。

8. 問卷的預試

問卷的初稿設計工作完畢、獲得管理層的最終認可之後，一定要先組織問卷的預先測試。預先測試通常選擇20～100人，樣本數不宜太多，也不要太少，樣本數太多增大調研成本，太少則達不到測試目的。在預先測試工作完成之後，對需要改動的地方作修改。如果第一次測試后有很大的改動，可以考慮組織第二次預試。

9. 問卷的定稿

當問卷的預試工作完成、確定沒有必要再進一步修改后，可以考慮定稿。問卷定稿后就可以交付打印，正式投入使用。

10. 問卷的評價

問卷的評價是對問卷的設計質量進行一次總體性評估。對問卷進行評價的方法很多，主要有四種，即專家評價、上級評價、被調查者評價、自我評價。

(五) 市場調查問卷設計的要求

第一，問卷不宜過長，問題不能過多，一般控製在20分鐘左右回答完畢。

第二，所問問題應該都是必要的，可要可不要的問題不要列入。

第三，能夠得到被調查者的密切合作，充分考慮被調查者的身分背景，不要提出對方不感興趣的問題。

第四，所問問題不應是被調查者不瞭解或難以答復的問題。使人感到困惑的問題會讓你得到的是「我不知道」的答案。在「是」或「否」的答案後應有一個「為什麼」。

第五，在詢問問題時不要轉彎抹角。例如，如果想知道顧客為什麼選擇你的店鋪買東西，就不要問：「你為什麼不去張三的店鋪購買？」你這時得到的答案是他們為什麼不喜歡張三的店鋪，但你想瞭解的是他們為什麼喜歡你的店鋪。根據顧客對張三店鋪的看法來瞭解顧客為什麼喜歡你的店鋪可能會導致錯誤的推測。

第六，問題的排列順序要合理，一般先提出概括性的問題，逐步啟發被調查者，做到循序漸進。

第七，將比較難回答的問題和涉及被調查者個人隱私的問題放在最後。

第八，為了有利於數據統計和處理，調查問卷最好能直接被計算機讀入，以節省時間和提高統計的準確性。

第九，注意詢問語句的措辭和語氣。在語句的措辭和語氣方面，一般應注意以下幾點：

一是問題要提得清楚、明確、具體。

二是要明確問題的界限與範圍，問句的字義（詞義）要清楚，否則容易誤解，影響調查結果。

三是避免用引導性問題或帶有暗示性的問題誘導人們按某種方式回答問題使調查者得到的是自己提供的答案。

四是避免提問使人尷尬的問題。

五是對調查的目的要有真實的說明，不要說假話。

六是需要理解他們所說的一切。利用問卷做面對面訪問時，要注意給回答問題的人足夠的時間，讓人們講完他們要講的話。為了保證答案的準確性，將答案向調查對象重念一遍。

七是不要對任何答案做出負面反應。如果答案使你不高興，不要顯露出來。如果別人回答從未聽說過你的產品，那說明他們一定沒聽說過。這正是你為什麼要做調查的原因。

八是不能使用專業術語，也不能將兩個問題合併為一個，以至於得不到明確的答案。

七、市場調研報告撰寫

撰寫市場調研報告是把市場調研分析的結果用文字表述出來，撰寫調研報告的目的是反應實際情況，為決策提供書面依據。報告的撰寫是在對調研資料進行科學的整理、分析基礎上進行的。

（一）確定市場調研報告主題

1. 確定選題

選題一般表現為調研報告的標題，也就是調研報告的題目，它必須準確揭示調研報告的主題思想，做到題文相符；高度概括，具有較強的吸引力。一般是通過簡明扼要地突出本次市場調研全過程中最有特色的環節的方式，揭示本報告所要論述的內容。

2. 提煉並形成調研報告的觀點

觀點是調研者對分析對象所持有的看法和評價，是調研材料的客觀性與調研者主觀認識的統一體，是形成思路、組織材料的基本依據和出發點。要從實際調研的情況和數字出發，通過現象而把握本質，具體分析，提煉觀點，並立論新穎，用簡單、明確、易懂的語言闡述。

（二）構思市場調研報告的提綱

提綱是市場調研報告的骨架，擬訂一份提綱可以理清思路。市場調研報告提綱可以採用從層次上列出報告的章節形式的條目提綱，或者列出各章節要表述的觀點形式的觀點提綱。一般先擬訂提綱框架，把調研報告分為幾大部分。然後在各部分中再充實，按次序或輕重、橫向或縱向羅列而成較細的提綱。提綱越細，反應調研者的思路越清晰，同時也便於對調研報告進行調整。

一般來說，市場調研報告提綱包括以下部分：

前言：概述調查的意義與目的。

第一部分：陳述問卷調查的情況。內容包括問卷涵蓋的問題、樣本的獲取方法及樣本數量、有效問卷等。

第二部分：調查數據的統計分析。說明數據處理的方法，分析數據的主要計算結果。

第三部分：調查結果分析。就調查數據結果，結合訪談資料，分析各種現象，並進行成因分析。

第四部分，結論與建議。就分析結果提出科學、合理的建議。

(三) 撰寫市場調研報告

當市場調研報告提綱確定以后，就要著手撰寫市場調研報告。

1. 市場調研報告的格式和結構

(1) 報告題目。作為一種習慣做法，市場調研報告題目的下方緊接著註明報告人或單位、報告日期，然后另起一行，註明報告呈交的對象。這些內容編排在市場調研報告的首頁上。

(2) 報告目錄與摘要。當市場調研報告的頁數較多時，應使用目錄或索引形式列出主要綱目及頁碼，編排在報告題目的后面。報告應提供「報告摘要」，主要包括以下四方面內容：

①明確指出本次調研的目標。
②簡要指出調研時間、地點、對象、範圍以及調研的主要項目。
③簡要介紹調研實施的方法、手段以及對調研結果的影響。
④調研中的主要發現或結論性內容。

(3) 報告的正文。正文應依據市場調研提綱設定的內容充分展開，是一份完整的市場調研報告。正文的寫作要求言之有據、簡練準確。每層意思可以用另起一段的方式處理，而不需刻意注意文字的華麗與承接關係，但邏輯性要強，要把整個報告作為一個整體來處理。

(4) 附錄文件。附件是指市場調研報告正文包含不了的內容或對正文結論的說明的內容，是正文報告的補充或更為詳細的專題性說明。一般包括數據的匯總表、統計公式或參數選擇的依據、與本調研題目相關的整體環境資料或有直接對比意義的完整數據、調查問卷、訪談提綱等，均可單獨成為報告的附件。

2. 市場調研報告的撰寫技巧

(1) 標題的寫法。市場調研報告的標題可以採用單標題與雙標題。單標題只有一行標題，一般通過標題把被調查單位和調查內容明確而具體的表現出來；雙標題有兩行標題，採用正、副標題形式，一般正標題表達調查主題，副標題用於補充說明調查對象和主要內容。由於雙標題優點很多，正標題突出主題，副標題交代形勢、背景，有時還可以烘托氣氛，二者互相補充，因此成為調查分析報告中最常用的形式。

在具體確定標題時，可以採用下面的形式：

①「直敘式」的標題，即反應調查意向或調查項目、調查地點的標題。這種標題簡明、客觀，一般調查報告多採用這種標題。
②「表明觀點式」的標題，即直接闡明作者的觀點、看法，或對事物進行判斷、評價。
③「提出問題式」的標題，即以設問、反問等形式，突出問題的焦點和尖銳性，吸引讀者，促使讀者思考。

(2) 寫作的表達方式。市場調研報告的表達方式以說明為主。「說明」在調研報告中的主要作用是將研究對象及其存在的問題、產生的原因、程度以及解決問題的辦法解釋清楚，使讀者瞭解、認識和信服。在報告中不論是陳述情況、介紹背景，還是總

結經驗、羅列問題、分析原因以及反應事物情節、特徵和狀況等，都要加以說明。即使提出建議和措施也要說明。因此，市場調研報告是一種特殊說明文，而且特殊之處就在於處處都要說明。

（3）市場調研報告的語言。市場調研報告不是文學作品，它具有較強的應用性。因此，市場調研報告的語言應該嚴謹、簡明和通俗。

①嚴謹。在調研報告中盡量不使用如「可能」「也許」「大概」等含糊的詞語，還要注意在選擇使用表示強度的副詞或形容詞時，要把握詞語的程度差異，如「有所反應」與「有反應」，「較大反響」與「反應強烈」，「顯著變化」與「很大變化」之間的差別。為確保用詞精確，最好用數字來反應。還要區分相近、易於混淆的概念，如「發展速度」與「增長速度」，「番數」與「倍數」，「速度」與「效益」。

②簡明。在敘述事實情況時，力爭以較少的文字清楚地表達較多的內容。要使語言簡明，重要的是訓練作者的思維。只有思維清晰、深刻，才能抓住事物的本質和關鍵，用最簡練的語言概括和表述。

③通俗。調研報告的語言應力求樸實嚴肅、平易近人。通俗易懂才能發揮其應有的作用。但通俗、嚴肅並非平淡無味，作者要加強各方面的修養和語言文字表達的訓練，提高駕馭語言文字的能力，最終才能寫出語言生動、通俗易懂的高水平的調研報告。

（4）市場調研報告中數字的運用。較多地使用數字、圖表是調研報告的主要特徵。調研報告中的數字既要準確，又要講求技巧，力求把數字用活，用得恰到好處。

①要防止數字文學化。數字文學化表現為在調研報告中到處都是數字。在大量使用數字時，要注意使用方式。一般我們應該使用圖表來說明數字。

②運用比較法表達數字。這是基本的數字加工方法，可以縱向比較和橫向比較，縱向比較可以反應事物自身的發展變化，橫向比較可以反應事物間的差距，對比可形成強烈的反差，增強數字的鮮明性。

③運用化小法表達數字。有時數字太大，不易理解和記憶。如果把大數字換算成小數字則便於記憶。例如，把某廠年產電視機 518,400 臺換算成每分鐘生產一臺效果要好，153,000,000 千米換算成 1.53 億千米更容易記憶。

④運用推算法表達數字。有時個體數量較小，不易引起人們的重視，但由此推算出的整體數量卻大得驚人。如對農民建房占用耕地情況調研發現 12 個村 3 年每戶平均占用耕地 2 分 2 厘，而由此推算全縣農村建房 3 年共占用耕地上萬畝。

⑤運用形象法表達數字。這種方法並不使用事物本身的具體數字，而是用人們熟悉的數字表示代替，以增強生動感。例如，樂山大佛高 71 米，佛首長 14.7 米……換成形象法為佛像有 20 層樓高，耳朵有 4 個人高，每只腳背上可停放 5 輛解放牌卡車……相比較而言后者更生動便於記憶。

⑥使用的漢字與阿拉伯數字應統一。總的原則是可用阿拉伯數字的地方，均應使用阿拉伯數字。公歷世紀、年代、年、月、日和時間應使用阿拉伯數字，星期幾則一律用漢字，年份一般不用簡寫；計數與計量應使用阿拉伯數字，不具有統計意義的一位數可以使用漢字（如一個人、九本書等）；數字作為詞素構成定型的詞、詞組、慣用語或具有修辭色彩的語句應當用漢字（如「十五」規劃等）；鄰近的兩個數並列連用

表示概數時應當用漢字（如三五天，十之八九等）。

（5）撰寫市場調研報告時注意的問題。一篇高質量的調研報告，除了符合調研報告一般的格式以及很強的邏輯性結構外，寫作手法是多樣的，但其中必須注意的問題有以下兩點：

①市場調研報告不是流水帳或數據的堆積。數據在於為理論分析提供客觀依據，市場調研報告需要概括評價整個調研活動的過程，需要說明這些方案執行落實的情況，特別是實際完成的情況對於調研結果的影響，需要認真分析清楚。

②市場調研報告必須真實、準確。從事實出發，而不是從某人觀點出發，先入為主地做出主觀判斷。調研前所設計的理論模型或先行的工作假設，都應毫不例外地接受調研資料的檢驗。凡是與事實不符的觀點，都應該堅決捨棄，凡是暫時還拿不準的，應如實寫明，或放在附錄中加以討論。

（四）市場調研報告的溝通

市場調研報告的溝通是指市場調研人員同委託者、使用者以及其他人員之間就市場調研結果的一種信息交換活動。其意義在於市場調研報告的溝通是調研結果實際應用的前提條件，有利於委託者及使用者更好地接受有關信息，做出正確的營銷決策，發揮調研結果的效用，有利於市場調研結果的進一步完善。市場調研報告的呈遞方式（溝通方式）主要有兩類，書面呈交方式（主要以調研報告形式）和口頭匯報的方式。

相對而言，口頭報告是一種直接溝通方式，它更能突出強調市場調研的結論，使相關人員對市場調研的主題意義、論證過程有一個清晰的認識。口頭報告的優點有三：一是時間短、見效快，節省決策者的時間與精力；二是聽取者對報告的印象深刻；三是口頭匯報後可以直接進行溝通和交流，提出疑問，並做出解答等。事實上，對於一項重要的市場調研報告，口頭報告是唯一的一種交流途徑。口頭報告可以幫助調研組織者達到多重的目的。口頭報告需要注意以下幾個方面：

1. 匯報提要

為每位聽眾提供一份關於匯報流程和主要結論的匯報提要。提要應留出足夠的空白，以利於聽眾做臨時記錄或評述。

2. 視覺輔助

使用手提電腦、投影設備、PowerPoint等演示軟件，製作演示稿，內容包括摘要、調查方案、調查結果和建議的概要性內容。

3. 調研報告的複印件

報告是調研結果的一種實物憑證，鑒於調研者在介紹中省略了報告中的許多細節，為委託者及感興趣者準備報告複印件，在聽取介紹前就能思考所要提出的問題，就感興趣的環節仔細閱讀等。

4. 強調介紹的技巧

（1）注意對介紹現場的選擇、布置。

（2）語言要生動，注意語調、語速等。

（3）注意表情和形體語言的使用。

模塊 C　營銷技能實訓

實訓項目 1：方案策劃訓練——擬訂調查方案

1. 實訓目標

（1）通過方案策劃學會進行市場營銷調查方案設計；

（2）通過方案策劃學會市場營銷調查的全面計劃。

2. 實訓情景設置

（1）按模擬企業分組進行；

（2）每個企業模擬不同市場情況進行策劃。

3. 實訓內容

以所在大學的學生為調查對象，就大學生網絡購物、手機使用、某種日用消費品購買等消費情況，選擇一種具體的消費情況進行調查方案設計。調查方案設計要求格式完備、內容完整。

4. 實訓過程與步驟

（1）每個企業受領實訓任務；

（2）強調設計調查方案的方法與要領；

（3）必要的理論引導和疑難解答；

（4）即時的現場控製；

（5）任務完成時的實訓績效評價。

5. 實訓績效

```
_____實訓報告
第_____次市場營銷實訓
實訓項目：_____
實訓名稱：_____
實訓導師姓名：_____；職稱（位）：_____；單位：校內□校外□
實訓學生姓名：_____；專業：_____；班級：_____
實訓學期：_____；實訓時間：_____；實訓地點：_____
實訓測評：
```

評價項目	教師評價	得分	學生自評	得分
任務理解（20分）				
情景設置（20分）				
操作步驟（20分）				
任務完成（20分）				
訓練總結（20分）				

```
教師評價得分：_____  學生自評得分：_____  綜合評價得分：_____
實訓總結：
獲得的經驗：_____
         _____
存在的問題：_____
         _____
提出的建議：_____
         _____
```

實訓項目2：方案策劃訓練——設計調查問卷

1. 實訓目標

（1）通過方案策劃學會設計市場營銷調查問卷；

（2）通過方案策劃學會市場營銷調查問卷綜合評估。

2. 實訓情景設置

（1）按模擬企業分組進行；

（2）每個企業模擬不同市場情景進行策劃。

3. 實訓內容

以所在大學的學生為調查對象，就大學生網絡購物、手機使用、某種日用消費品購買等消費情況，選擇一種具體的消費情況在擬訂好調查方案后，設計一份可操作、完整的調查問卷。不同性質、不同企業、不同要求的市場營銷調查問卷在格式和內容上會有些差別。調查問卷設計要求格式完備、內容完整。

4. 實訓過程與步驟

（1）每個企業受領實訓任務；

（2）強調設計市場營銷調查問卷的方法與要領；

（3）必要的理論引導和疑難解答；

（4）即時的現場控製；
（5）任務完成時的實訓績效評價。

5. 實訓績效

_____實訓報告
第_____次市場營銷實訓

實訓項目：_____
實訓名稱：_____
實訓導師姓名：_____；職稱（位）：_____；單位：校內□ 校外□
實訓學生姓名：_____；專業：_____；班級：_____
實訓學期：_____；實訓時間：_____；實訓地點：_____
實訓測評：

評價項目	教師評價	得分	學生自評	得分
任務理解（20分）				
情景設置（20分）				
操作步驟（20分）				
任務完成（20分）				
訓練總結（20分）				

教師評價得分：_____　學生自評得分：_____　綜合評價得分：_____
實訓總結：
獲得的經驗：_____
_____
存在的問題：_____
_____
提出的建議：_____
_____

實訓項目3：方案策劃訓練——撰寫調查報告

1. 實訓目標
（1）通過方案策劃學會實施調查活動；
（2）通過方案策劃學會撰寫標準的調查報告。

2. 實訓情景設置
（1）按模擬企業分組進行；
（2）每個企業模擬不同消費市場的情景進行策劃。

3. 實訓內容
以所在大學的學生為調查對象，就大學生網絡購物、手機使用、某種日用消費品購買等消費情況，選擇一種具體的消費情況在完成擬訂調查方案、設計調查問卷、並組織實施實際調查活動的基礎上，最后根據調查分析結果撰寫簡要的市場營銷調查報告。撰寫的市場營銷調查報告要求格式規範、內容完整。

4. 實訓過程與步驟
(1) 每個企業受領實訓任務；
(2) 強調撰寫市場營銷調查報告的方法與要領；
(3) 必要的理論引導和疑難解答；
(4) 即時的現場控製；
(5) 任務完成時的實訓績效評價。
5. 實訓績效

_____實訓報告
第_____次市場營銷實訓

實訓項目：_____
實訓名稱：_____
實訓導師姓名：_____；職稱（位）：_____；單位：校內□校外□
實訓學生姓名：_____；專業：_____；班級：_____
實訓學期：_____；實訓時間：_____；實訓地點：_____
實訓測評：

評價項目	教師評價	得分	學生自評	得分
任務理解（20分）				
情景設置（20分）				
操作步驟（20分）				
任務完成（20分）				
訓練總結（20分）				

教師評價得分：_____　學生自評得分：_____　綜合評價得分：_____
實訓總結：
獲得的經驗：_____

存在的問題：_____

提出的建議：_____

第五章　市場營銷戰略實訓

實訓目標：

（1）深入理解和應用市場細分戰略。
（2）深入理解和應用目標市場戰略。
（3）深入理解和應用市場定位戰略。
（4）深入理解和應用市場營銷組合戰略。

模塊 A　引入案例

從「4P」到「4C」：解讀華為營銷基因

華為營銷在傳統營銷與現代營銷潮流之間，在古代謀略與現代商業策略之間，表現出了強大而異常靈活的兼容性和適應性。當任正非講起西方文藝復興對人的思想解放，又能以一篇《我的父親母親》這樣至情至性的美文通過反省方式呼喚中華民族傳統美德時，無論是任正非還是華為，其貢獻已經成為中國所有企業人共享的優秀成果。

產品（Product）和顧客（Consumer）

即使在市場上被華為等中國后起公司逼得很苦，北電網絡的首席執行官歐文斯仍然自信地表示，相對於華為，「我們的王牌是創新和創造力」。多年來一直以模仿策略跟進跨國公司產品和技術的華為，即使對歐文斯的話未必服氣，但眼下仍得接受現實。

儘管如此，華為的聰明不在於一定要與跨國公司拼技術研發投入、拼人員素質、拼技術先進性或「搶當標準」。任正非考慮問題的前提是「一天天活下去」，所以他強調華為的技術研發是可以進入市場化鏈條的工程技術，而不是參賽、參評的學術技術。他明確表示：「華為沒有院士，只有院土。要想成為院士，就不要來華為。」應該說，華為在技術研發方面拉開了一個「欲與天公試比高」的浪漫架勢，但是其實際取向又是典型的「黑貓白貓」論。正因為這樣，華為在研發顧客需要的技術方面，做得既專注，又快速。

在應用技術的層面上，華為的技術儲備不輸於跨國公司。華為真正做成的第一單國際業務，是幫助中國香港和記電信開發號碼攜帶業務。李嘉誠的和記當時只是一個挑戰者角色，香港電信才是香港固定電話網營運的老大，而為香港電信做設備提供商的是大名鼎鼎的西門子和朗訊。因此，李嘉誠特別希望有一些特別技術手段，直接跳出追隨者亦步亦趨的軌道而搶先，恰巧華為的號碼攔截技術在當時國內電信市場上已相當成熟。如此機緣巧合，華為迅速幫助和記憑藉差異化優勢上位。而與和記的合作，

也使華為接受了進入國際化「馬槽」后的首次洗禮。「只有客戶苛刻了，你才能成長。」一位諮詢專家如此評價。

在華為拿下的泰國移動營運商 AIS 智能網建設項目中，同樣體現了華為人對應用技術的熱心和敏銳。為了展示泰國旅遊業的特色，華為甚至很快幫助 AIS 開通了在手機上進行「小額投註」的博彩業務，5個月內，AIS 便收回了投資。

產品不一定性能最優，但一定適用；技術不一定最先進、最前沿，但一定可以滿足客戶急需，並且幫助其獲取想要的效率和利潤。對於競爭對手來說更可怕的是，華為的優勢不僅僅是報價較低，其所提供設備的範圍之廣也令人吃驚。如儘管被質疑在專業上不夠自信和搖擺，但華為在碼分多址（CDMA）技術的三種制式上表現出了「一個也不能少」的野心。

價格（Price）和成本（Cost）

有消息說華為在美國媒介的廣告語是「唯一不同的就是價格」，這是有所指向的。波士頓諮詢公司在最新研究報告《把握全球優勢》中明確提出，未來10年中國企業成本優勢將繼續加大。該報告推測2009年中國小時工資大約為1.3美元，美國為25.3美元，德國為34.5美元。而目前中國工人與歐美工人小時工資差距在14~29美元。也就是說，即使華為技術在與跨國公司的較量中仍處下風，但是產品成本的天然優勢將消解彼此的實力差距。在電信產品日趨大眾消費化的前提下，價格因素可能比品牌因素更能牽動營運商選擇產品的神經。

關鍵問題還在於成長的華為已經有了更多想法，已不甘於僅被看成一個能大批量、低成本提供電信設備的供應商。據華為內部人士介紹，競標阿聯酋項目時，華為出價比最低出價者高出一倍。美國著名電信研究機構（RHK）提供數據顯示，截至當年第二季度，華為從全球光學網絡設備市場獲得的收入已經超過朗訊和北電，僅次於行業龍頭阿爾卡特。國際諮詢公司（Dittberner）的報告披露華為在下一代網絡（NGN）的全球出貨量已位居榜首。

毋庸置疑，華為的胃口已不滿足於低價格產品的利潤，而是直取品牌形成後的溢價利潤。這對西方勁敵而言，肯定不是好消息。目前，華為在市場上建立的口碑來自它對客戶需求的快速回應和定制化開發能力。

在為客戶降低成本方面，華為在創業早期就已經做得相當成功。由於當時客戶對「高科技」產品的普遍陌生和不自信，即使在小小的縣級城市，華為也會駐扎二三十名服務人員，只要客戶一聲召喚，無論大事還是針頭線腦的小事，立馬就可以上門服務。到今天，華為非凡的服務能力和誠懇態度仍是贏得客戶信賴的重要砝碼。比如在阿爾及利亞地震時，西門子的業務人員選擇了撤離，華為人則選擇了堅守。這種「共患難」式的堅守，理所當然地為華為贏得了商業機會。相反，如果在客戶最需要你的時候，你卻不在身邊，這必然讓客戶心存對「交易」概念的警惕。

渠道（Place）和便利性（Convenience）

華為的渠道大致分為兩種。第一種是賣貨渠道，如在一些目標市場設立辦事處，直接銷售產品。據華為內部人士介紹，華為人足跡所到之處，幾乎都有自己的派出機構。這些機構承擔的職能，既有業務開發、提供技術保障，又有市場研究。現在華為

又逐步採用分銷和代理銷售方式，以降低海外員工的管理成本。第二種渠道是走合資道路，借船出海。如與美國設備供應商3Com合資，在中國和日本市場，以華為品牌輸出產品；而在中日之外的市場上，則通過3Com品牌及渠道銷售產品。

由於產品線的快速延伸，華為在各個產品戰場上的對手越來越多，也越來越強。在無線通信領域，對手就有諾基亞、西門子、摩托羅拉等；在數據通信領域，華為已被全球老大思科列為頭號競爭對手；而在光傳輸方面，也有朗訊、北電網絡、西門子等列強。華為這種在高品質形成品牌力之後的產品延伸路徑，對降低客戶交易成本的作用是顯而易見的。當然，一旦某類產品出了紕漏，就有可能殃及全線產品。

華為顯然意識到了化解產品線延伸所帶來的風險的必要性。只要有可能，華為在各個主要產品領域都展開了對外合作。事實上，華為先后與松下、摩托羅拉、西門子等公司的合作，每一次都是化敵為友的招數。而華為又非常善於學習，通過與客戶的合作，在服務客戶的過程中得以長足進步。與和記是一例，接受英國電信的「體檢」是另一例。為此，華為的新聞發言人傅軍不承認華為「封閉」或「不透明」：「華為在媒體和公眾面前低調，但是在客戶、合作夥伴面前華為是很透明的。比如說愛默生（Emerson）以7.5億美元收購了華為的一個科技子公司，前提就是華為很透明。」

因此，如果說華為的海外辦事處是一種直接的賣貨渠道，目標指向「謀近利」，合資則是品牌構建渠道，目標是「圖遠名」。正如一個諮詢專家所說，走出去的中國企業「與狼共舞」不那麼容易，因為前提是「狼同意與你共舞」。

現在，華為的投資手段也日益為人稱道。2003年，華為與中國香港第五大電信營運商（SUNDAY）進行的以投資換訂單的合同，就為國內市場遲遲不見動靜的3G銷售開闢了一條生路。而2003年中國電信海外上市時，華為持有其7.4億股，實現了與客戶的緊密捆綁，使得利益同盟關係更加牢靠。

促銷（Promotion）和溝通（Communication）

華為的促銷手段當然包括打廣告。在國內只有少數幾家行業媒體有幸嘗華為的廣告蛋糕。而在國際市場，華為一直雇有一家英國的老牌廣告公司，指導其發布策略廣告。與媒介保持恰當的溝通也是促銷手段之一。傅軍說：「我們對媒介低調是指我們幾乎從不主動邀請媒介採訪，但是對於媒介的主動採訪要求，我們一定給予很好的配合。」據傅軍介紹，國外的《金融時報》《華爾街日報》《財富》《福布斯》等都來華為採訪過。而當法國第二大電信營運商選擇了華為的產品後，法國媒體也好奇地趕來了。

當然，積極參展、比對手叫價更低也是促銷的重要手段，而印製中國名山大川及各大城市建設成就攝影集，開闢香港—北京—上海—深圳的「東方絲綢之路」，請來全球客戶和潛在客戶親身體驗中國，改變他們頭腦中固有的長袍馬褂時代的中國形象，以外圍合龍方式，向客戶溝通、傳遞「現代中國產生高科技華為是一個必然」的信息。華為最擅長、最厲害的營銷手段是感動客戶的能力：「只要你給我機會，就不怕你不被我感動。」

必須承認，為了表現這種「感動客戶」的功夫，華為人的人性磨煉無疑是魔鬼式的。遠離親人，生活寂寞，面臨巨大文化鴻溝，歐美客戶的傲慢和懷疑肯定讓人難堪。在2002年埃及空難中大難不死的華為員工呂曉峰，2003年來到阿爾及利亞后又碰上了

地震。此外，無論是撒哈拉沙漠的高溫天氣還是俄羅斯大地的極度嚴寒，無論是阿爾及利亞頻繁的恐怖活動還是伊拉克戰爭，隨時都有可能給華為駐外員工帶來生命危險。一位駐外員工曾在《華為人報》上發表感想：「這裡沒有任何中國食品，一瓶『老干媽』能使我們有一種過年的感覺。」

「用『熱臉蛋貼個冷屁股』形容我們最初開拓海外市場時的情景毫不過分。華為人的成就感來自一直貼、一直貼，直到把人家的冷屁股捂熱。」一位現已離開華為的高層幹部為華為海外事業的快速增長感慨不已。

當然，華為未來發展的縱深度不取決於華為的單干，而是中國高科技企業何時形成集群的問題。像日本和韓國走過的路子一樣，先由集群企業提高產品的技術含金量，然后改變產業的命運，最后提升整個國家品牌。他們真誠的聲音：所有的中國企業，都能在國際化道路上迅速成長。

（資料來源：http：//www. emkt. com. cn/article/183/18362.html）

案例思考：

(1) 企業在開拓市場時有哪些營銷組合可以選擇？
(2) 4P 營銷組合的內涵是什麼？
(3) 4C 營銷組合的內涵是什麼？
(4) 4P 營銷組合和 4C 營銷組合的異同是什麼？

模塊 B　基礎理論概要

一、市場營銷戰略的內涵

市場營銷戰略（Marketing Strategy）是指企業在現代市場營銷觀念下，為實現其經營目標，對一定時期內市場營銷發展的總體設想和規劃。

市場營銷戰略是企業用以達到目標的基本方法，包括 STP 營銷戰略（細分市場、目標市場、營銷定位）和營銷組合戰略、營銷費用預算等內容。

市場營銷戰略的基本要素包括企業使命，即戰略管理者所確定生產經營的總目標和方向；企業哲學，即企業經營活動的所形成的價值觀、態度和行為準則；資源配置，即企業過去及資源和技能組合的水平和模式；競爭優勢，即企業所擁有的獨特競爭優勢，通過企業活動所創造的價值與成本兩個指標來衡量。

二、市場細分

（一）市場細分的概念

1956 年，美國營銷學者溫德爾·斯密（Wendell R. Smith）提出，市場細分是第二次世界大戰結束后，美國眾多產品市場由賣方市場轉化為買方市場這一新的市場形式下企業營銷思想和營銷戰略的新發展，更是企業貫徹以消費者為中心的現代市場營銷

觀念的必然產物。

市場細分（Segmentation）又稱市場分割，就是營銷者通過市場調研，依據購買者在需求上的各種差異（如需要、慾望、購買習慣、購買行為等方面），把某一產品的市場整體劃分為若干購買者群的市場分類過程。

（二）市場細分的理論依據

1. 顧客需求的差異性

顧客需求的差異性是指不同的顧客之間的需求是不一樣的。在市場上，消費者總是希望根據自己的獨特需求去購買產品，我們根據消費者需求的差異性可以把市場分為「同質性需求」和「異質性需求」兩大類。

（1）同質性需求是指由於消費者的需求的差異性很小，甚至可以忽略不計，因此沒有必要進行市場細分。

（2）異質性需求是指由於消費者所處的地理位置、社會環境不同，自身的心理和購買動機不同，造成他們對產品的價格、質量款式上需求的差異性。這種需求的差異性就是我們市場細分的基礎。

2. 顧客需求的相似性

在同一地理條件、社會環境和文化背景下的人們形成有相對類似的人生觀、價值觀的亞文化群，他們的需求特點和消費習慣大致相同。正是因為消費需求在某些方面的相對同質，市場上絕對差異的消費者才能按一定標準聚合成不同的群體。因此，消費者的需求的絕對差異造成了市場細分的必要性，消費需求的相對同質性則使市場細分有了實現的可能性。

3. 企業有限的資源

現代企業由於受到自身實力的限制，不可能向市場提供能夠滿足一切需求的產品和服務。為了有效地進行競爭，企業必須進行市場細分，選擇最有利可圖的目標細分市場，集中企業的資源，制定有效的競爭策略，以取得和增加競爭優勢。

（三）市場細分的標準

市場細分的標準如表 5-1 所示：

表 5-1　　　　　　　　　　　　**市場細分的標準**

項目	因素
地理細分	國家、地區、省市等行政區，山區、平原、高原、湖區、沙漠等地形地貌，東部、西部、南方、北方等不同發展區域，城市規模、氣候、交通、城鄉、人口密度等地理位置與自然環境因素
人口細分	年齡、性別、家庭人口、家庭規模、家庭生命週期等家庭因素，收入、職業、教育程度、社會階層、民族、宗教或種族、國籍等人口統計因素
心理細分	個性特點、社會階層、生活方式、動機、價值取向、對商品或服務的感受或偏愛、對商品價格反應的靈敏程度以及對企業促銷活動的反應等心理活動和心理特徵
行為細分	時機、利益、使用者狀況、品牌忠誠度、對產品的瞭解程度、態度、使用情況及反應等

三、目標市場

（一）目標市場的概念

企業在細分市場的基礎上，根據自身資源優勢，在細分市場中選擇一個或幾個分市場進入，在其中實施計劃並獲取利潤的那部分特定的顧客群體就稱為企業的目標市場（Targets）。

（二）目標市場選擇策略

目標市場的選擇策略，即關於企業為哪個或哪幾個細分市場服務的決定。通常有五種模式供參考：

1. 市場集中化

企業選擇一個細分市場，集中力量為之服務。較小的企業一般專門這樣填補市場的某一部分。集中營銷使企業深刻瞭解該細分市場的需求特點，採用針對的產品、價格、渠道和促銷策略，從而獲得強有力的市場地位和良好的聲譽，同時隱含較大的經營風險。

2. 產品專門化

企業集中生產一種產品，並向所有顧客銷售這種產品。例如，服裝廠商向青年、中年和老年消費者銷售高檔服裝，企業為不同的顧客提供不同種類的高檔服裝產品和服務，而不生產消費者需要的其他檔次的服裝。這樣，企業在高檔服裝產品方面樹立很高的聲譽，但是一旦出現其他品牌的替代品或消費者流行的偏好轉移，企業將面臨巨大的威脅。

3. 市場專門化

企業專門服務於某一特定顧客群，盡力滿足他們的各種需求。例如，企業專門為老年消費者提供各種檔次的服裝。企業專門為這個顧客群服務，能建立良好的聲譽，但是一旦這個顧客群的需求潛量和特點發生突然變化，企業要承擔較大風險。

4. 有選擇的專門化

企業選擇幾個細分市場，每一個市場對企業的目標和資源利用都有一定的吸引力，但是各細分市場彼此之間很少或根本沒有任何聯繫。這種策略能分散企業經營風險，即使其中某個細分市場失去了吸引力，企業還能在其他細分市場盈利。

5. 完全市場覆蓋

企業力圖用各種產品滿足各種顧客群體的需求，即以所有的細分市場作為目標市場，如上例中的服裝廠商為不同年齡層次的顧客提供各種檔次的服裝。一般只有實力強大的大企業才能採用這種策略。例如，國際商業機器公司（IBM）在計算機市場、可口可樂公司在飲料市場開發眾多的產品，滿足各種消費需求。

（三）目標市場營銷策略

根據各個細分市場的獨特性和公司自身的目標，共有三種目標市場策略可供選擇。

1. 無差異市場營銷

無差異市場營銷是指公司只推出一種產品，或只用一套市場營銷辦法來招徠顧客。當公司斷定各個細分市場之間差異很小時可考慮採用這種大量市場營銷策略。

2. 密集性市場營銷

密集性市場營銷是指公司將一切市場營銷努力集中於一個或少數幾個有利的細分市場。

3. 差異性市場營銷

差異性市場營銷是指公司根據各個細分市場的特點，相應擴大某些產品的花色、式樣和品種，或制訂不同的營銷計劃和辦法，以充分適應不同消費者的不同需求，吸引各種不同的購買者，從而擴大各種產品的銷售量。

（四）影響企業目標市場策略選擇的因素

影響企業目標市場策略的因素主要有企業資源、產品同質性、市場特點、產品所處的生命週期階段和競爭對手的策略五類。

1. 產品特點

產品的同質性表明了產品在性能、特點等方面的差異性的大小，是企業選擇目標市場時不可不考慮的因素之一。一般對於同質性高的產品如食鹽等，宜施行無差異市場營銷；對於同質性低或異質性產品，差異市場營銷或集中市場營銷是恰當選擇。此外，產品因所處的生命週期的階段不同，而表現出的不同特點亦不容忽視。產品處於導入期和成長初期，消費者剛剛接觸新產品，對它的瞭解還停留在較淺的層次，競爭尚不激烈，企業這時的營銷重點是挖掘市場對產品的基本需求，往往採用無差異市場營銷策略。等產品進入成長後期和成熟期時，消費者已經熟悉產品的特性，需求向深層次發展，表現出多樣性和不同的個性，競爭空前的激烈，企業應適時地轉變策略為差異市場營銷或集中市場營銷。

2. 市場特點

供與求是市場中的兩大基本力量，它們的變化趨勢往往是決定市場發展方向的根本原因。供不應求時，企業重在擴大供給，無暇考慮需求差異，所以採用無差異市場營銷策略；供過於求時，企業為刺激需求、擴大市場份額殫精竭慮，多採用差異市場營銷或集中市場營銷策略。從市場需求的角度來看，如果消費者對某產品的需求偏好、購買行為相似，則稱之為同質市場，可採用無差異市場營銷策略；反之，為異質市場，差異市場營銷和集中市場營銷策略更合適。

3. 週期階段

對於在處在介紹期和成長期的新產品，營銷重點是啟發和鞏固消費者的偏好，最好實行無差異市場營銷或針對某一特定子市場實行集中性市場營銷。當產品進入成熟期時，市場競爭激烈，消費者需求日益多樣化，可改用差異性市場營銷戰略以開拓新市場，滿足新需求，延長產品生命週期。

4. 競爭者的策略

企業可與競爭對手選擇不同的目標市場覆蓋策略。例如，競爭者採用無差異市場

營銷策略時，你選用差異市場營銷策略或集中市場營銷策略更容易發揮優勢。企業的目標市場策略應慎重選擇，一旦確定，應該有相對的穩定目標市場策略，不能朝令夕改。目標市場策略的靈活性也不容忽視，沒有永恆正確的策略，一定要密切注意市場需求的變化和競爭動態。

四、市場定位

(一) 市場定位的定義

定位（Positioning）就是對企業的產品和形象進行策劃設計的行為，從而使其在目標顧客心目中佔有一個獨特的、有價值的位置的行動。

市場定位（Marketing Positioning）也稱為營銷定位，是市場營銷工作者用以在目標市場（此處目標市場指該市場上的客戶和潛在客戶）的心目中塑造產品、品牌或組織的形象或個性（Identity）的營銷技術。企業根據競爭者現有產品在市場上所處的位置，針對消費者或用戶對該產品某種特徵或屬性的重視程度，強有力地塑造出本企業產品與眾不同的、給人印象鮮明的個性或形象，並把這種形象生動地傳遞給顧客，從而使該產品在市場上確定適當的位置。簡而言之，就是在客戶心目中樹立獨特的形象。[1]

市場定位並不是你對一件產品本身做些什麼，而是你在潛在消費者的心目中做些什麼。市場定位的實質是使本企業與其他企業嚴格區分開來，使顧客明顯感覺和認識到這種差別，從而在顧客心目中佔有特殊的位置。市場定位的目的是使企業的產品和形象在目標顧客的心理上佔據一個獨特的、有價值的位置。

(二) 市場定位的策略

1. 避強定位策略

這種策略是企業避免與強有力的競爭對手發生直接競爭，而將自己的產品定位於另一市場的區域內，使自己的產品在某些特徵或屬性方面與強勢對手有明顯的區別。這種策略可使自己迅速在市場上站穩腳跟，並在消費者心中樹立起好的形象。由於這種做法風險較小，成功率較高，常為多數企業所採用。

2. 迎頭定位策略

這種策略是企業根據自身的實力，為占據較佳的市場位置，不惜與市場上占支配地位、實力最強或較強的競爭對手發生正面競爭，從而使自己的產品進入與對手相同的市場位置。由於競爭對手強大，這一競爭過程往往相當引人注目，企業及其產品能較快地為消費者瞭解，達到樹立市場形象的目的。這種策略可能引發激烈的市場競爭，具有較大的風險。因此，企業必須知己知彼，瞭解市場容量，正確判定憑自己的資源和能力是不是能比競爭者做得更好，或者能不能平分秋色。

3. 重新定位策略

這種策略是企業對銷路少、市場反應差的產品進行二次定位。初次定位后，如果由於顧客的需求偏好發生轉移，市場對本企業產品的需求減少，或者由於新的競爭者

---

[1] 吳健安. 市場營銷學 [M]. 北京：高等教育出版社，2011：167.

進入市場，選擇與本企業相近的市場位置，這時企業就需要對其產品進行重新定位。一般來說，重新定位是企業擺脫經營困境，尋求新的活力的有效途徑。此外，企業如果發現新的產品市場範圍，也可以進行重新定位。

(三) 市場定位的原則

各個企業經營的產品不同，面對的顧客也不同，所處的競爭環境也不同，因而市場定位所依據的原則也不同。總的來講，市場定位所依據的原則有以下四點：

1. 根據具體的產品特點定位

構成產品內在特色的許多因素都可以作為市場定位所依據的原則，如所含成分、材料、質量、價格等。「七喜」汽水的定位是「非可樂」，強調它是不含咖啡因的飲料，與可樂類飲料不同，「泰寧諾」止痛藥的定位是「非阿司匹林的止痛藥」，顯示藥物成分與以往的止痛藥有本質的差異。一件仿皮皮衣與一件真正的水貂皮衣的市場定位自然不會一樣，同樣不銹鋼餐具若與純銀餐具定位相同，也是難以令人置信的。

2. 根據特定的使用場合及用途定位

為老產品找到一種新用途，是為該產品創造新的市場定位的好方法。小蘇打曾一度被廣泛地用作家庭的除臭劑和烘焙配料，已有不少的新產品代替了小蘇打的上述一些功能。而有的公司把小蘇打定位為冰箱除臭劑，還有公司把小蘇打當做了調味汁和肉鹵的配料，更有一家公司發現小蘇打可以作為冬季流行性感冒患者的飲料。中國曾有一家生產「曲奇餅干」的廠家最初將其產品定位為家庭休閒食品，后來又發現不少顧客購買是為了饋贈，又將之定位為禮品。

3. 根據顧客得到的利益定位

產品提供給顧客的利益是顧客最能切實體驗到的，也可以用作定位的依據。1975年，美國米勒（Miller）啤酒公司推出了一種低熱量的「Lite 牌」啤酒，將其定位為飲酒者喝了不會發胖的啤酒，迎合了那些經常飲用啤酒而又擔心發胖的人的需要。

4. 根據使用者類型定位

企業常常試圖將其產品指向某一類特定的使用者，以便根據這些顧客的看法塑造恰當的形象。美國米勒啤酒公司曾將其原來唯一的品牌「高生牌」啤酒定位於「啤酒中的香檳」，吸引了許多不常飲用啤酒的高收入婦女。后來發現，占30%的狂飲者大約消費了啤酒銷量的80%，於是該公司在廣告中展示石油工人鑽井成功后狂歡的鏡頭，還有年輕人在沙灘上開懷暢飲的鏡頭，塑造了一個「精力充沛的形象」。在廣告中提出「有空就喝米勒」，從而成功占領啤酒狂飲者市場達10年之久。事實上，許多企業進行市場定位依據的原則往往不止一個，而是多個原則同時使用。因為要體現企業及其產品的形象，市場定位必須是多維度的、多側面的。

(四) 市場定位的常見方法

1. 區域定位

區域定位是指企業在進行營銷策略時，應當為產品確立要進入的市場區域，即確定該產品是進入國際市場、全國市場，還是在某一市場、某一地區等。只有找準了自己的市場，才會使企業的營銷計劃獲取成功。

2. 階層定位

每個社會都包含有許多社會階層，不同的階層有不同的消費特點和消費需求，企業的產品究竟面向什麼階層，是企業在選擇目標市場時應考慮的問題。根據不同的標準，可以對社會上的人進行不同的階層劃分，如按知識劃分，就有高知階層、中知階層和低知階層。進行階層定位，就是要牢牢地把握住某一階層的需求特點，從營銷的各個層面上滿足他們的需求。

3. 職業定位

職業定位是指企業在制定營銷策略時要考慮將產品或勞務銷售給什麼職業的人。將飼料銷售給農民及養殖戶，將文具銷售給學生，這是非常明顯的，而真正能產生營銷效益的往往是那些不明顯的、不易被察覺的定位。在進行市場定位時要有一雙善於發現的眼睛，及時發現競爭者的視覺盲點，這樣可以在定位領域內獲得巨大的收穫。

4. 個性定位

個性定位是考慮把企業的產品如何銷售給那些具有特殊個性的人。這時，選擇一部分具有相同個性的人作為自己的定位目標，針對他們的愛好實施營銷策略，可以取得最佳的營銷效果。

5. 年齡定位

在制定營銷策略時，企業還要考慮銷售對象的年齡問題。不同年齡段的人，有自己不同的需求特點，只有充分考慮到這些特點，滿足不同消費者要求，才能夠贏得消費者。如對於嬰兒用品，營銷策略應針對母親而制定，因為嬰兒用品多是由母親來實施購買的。

五、營銷組合策略

（一）營銷組合的定義

市場營銷組合指的是企業在選定的目標市場上，綜合考慮環境、能力、競爭狀況對企業自身可以控製的因素，加以最佳組合和運用，以完成企業的目的與任務。市場營銷組合是制定企業營銷戰略的基礎，做好市場營銷組合工作可以保證企業從整體上滿足消費者的需求。市場營銷組合是企業對付競爭者強有力的手段，是合理分配企業營銷預算費用的依據。營銷組合是企業市場營銷戰略的一個重要組成部分，是指將企業可控的基本營銷措施組成一個整體性活動。

（二）4P 營銷策略組合

20 世紀的 60 年代，美國學者麥卡錫教授提出了著名的 4P 營銷組合策略，即產品（Product）、價格（Price）、渠道（Place）和促銷（Promotion）。該理論認為一次成功和完整的市場營銷活動，意味著以適當的產品、適當的價格、適當的渠道和適當的促銷手段，將適當的產品和服務投放到特定市場的行為。4P 營銷組合理論的主要內容如下：

產品（Product）：注重開發的功能，要求產品有獨特的賣點，把產品的功能訴求放在第一位。

價格（Price）：根據不同的市場定位，制定不同的價格策略，產品的定價依據是企業的品牌戰略，注重品牌的含金量。

渠道（Place）：企業並不直接面對消費者，而是注重經銷商的培育和銷售網絡的建立，企業與消費者的聯繫是通過分銷商來進行的。

促銷（Promotion）：企業注重銷售行為的改變來刺激消費者，以短期的行為（如讓利、買一送一、營銷現場氣氛等）促成消費的增長，吸引其他品牌的消費者或使得提前消費來促進銷售的增長。

（三）4C營銷策略組合

4C營銷組合策略於1990年由美國營銷專家勞特朋教授提出。該理論以消費者需求為導向，重新設定了市場營銷組合的四個基本要素，即消費者（Consumer）、成本（Cost）、便利（Convenience）和溝通（Communication）。該理論強調企業首先應該把追求顧客滿意放在第一位，其次是努力降低顧客的購買成本，然後要充分注意到顧客購買過程中的便利性而不是從企業的角度來決定銷售渠道策略，最后還應以消費者為中心實施有效的營銷溝通。與產品導向的4P理論相比，4C理論有了很大的進步和發展，它重視顧客導向，以追求顧客滿意為目標，這實際上是當今消費者在營銷中越來越居主動地位的市場對企業的必然要求。4C營銷組合理論的主要內容如下：

消費者（Customer）主要指顧客的需求。企業必須首先瞭解和研究顧客，根據顧客的需求來提供產品。同時，企業提供的不僅僅是產品和服務，更重要的是由此產生的客戶價值（Customer Value）。

成本（Cost）不單是企業的生產成本，或者說4P營銷組合理論中的價格（Price），它還包括顧客的購買成本，同時也意味著產品定價的理想情況，應該是既低於顧客的心理價格，又能夠讓企業有所盈利。此外，這中間的顧客購買成本不僅包括其貨幣支出，還包括其為此耗費的時間、體力和精力消耗，以及購買風險。

便利（Convenience），即所謂為顧客提供最大的購物和使用便利。4C營銷組合理論強調企業在制定分銷策略時，要更多地考慮顧客的方便，而不是企業自己方便。要通過好的售前、售中和售後服務來讓顧客在購物的同時，也享受到了便利。便利是客戶價值不可或缺的一部分。

溝通（Communication）則被用以取代4P中對應的促銷（Promotion）。4C營銷組合組織理論認為，企業應通過同顧客進行積極有效的雙向溝通，建立基於共同利益的新型企業/顧客關係。這不再是企業單向的促銷和勸導顧客，而是在雙方的溝通中找到能同時實現各自目標的通途。

在4C營銷組合理論的指導下，越來越多的企業更加關注市場和消費者，與顧客建立一種更為密切的、動態的關係。現在消費者考慮價格的前提就是自己「花多少錢買這個產品才值」。於是專門有人研究消費者的購物成本，以此來要求廠家定價，這種按照消費者的成本觀來對廠商制定價格要求的做法就是對追求顧客滿意的4C營銷組合理論的實踐。

(四) 4R 營銷策略組合

21 世紀伊始，艾略特‧艾登伯格提出了 4R 營銷組合理論。4R 營銷組合理論以關係營銷為核心，重在建立顧客忠誠。4R 營銷組合理論強調企業與顧客在市場變化的動態中應建立長久互動的關係，以防止顧客流失，贏得長期而穩定的市場；面對迅速變化的顧客需求，企業應學會傾聽顧客的意見，及時尋找、發現和挖掘顧客的渴望與不滿及其可能發生的演變，同時建立快速反應機制以對市場變化快速作出反應；企業與顧客之間應建立長期而穩定的朋友關係，從實現銷售轉變為實現對顧客的責任與承諾，以維持顧客再次購買和顧客忠誠；企業應追求市場回報，並將市場回報當作企業進一步發展和保持與市場建立關係的動力與源泉。

4R 營銷組合理論闡述了四個全新的營銷組合要素，即關聯 (Relativity)、反應 (Reaction)、關係 (Relation) 和回報 (Retribution)。4R 營銷組合理論的操作要點如下：

1. 關聯 (Relativity)：緊密聯繫顧客

企業必須通過某些有效的方式在業務、需求等方面與顧客建立關聯，形成一種互助、互求、互需的關係，把顧客與企業聯繫在一起，減少顧客的流失，以此來提高顧客的忠誠度，贏得長期而穩定的市場。

2. 反應 (Reaction)：提高對市場的反應速度

多數公司傾向於說給顧客聽，卻往往忽略了傾聽的重要性。在相互滲透、相互影響的市場中，對企業來說最現實的問題不在於如何制訂、實施計劃和控製，而在於如何及時地傾聽顧客的希望、渴望和需求，並及時做出反應來滿足顧客的需求。這樣才利於市場的發展。

3. 關係 (Relation)：重視與顧客的互動關係

如今搶占市場的關鍵已轉變為與顧客建立長期而穩固的關係，把交易轉變成一種責任，建立起和顧客的互動關係。溝通是建立這種互動關係的重要手段。

4. 回報 (Retribution)：回報是營銷的源泉

由於營銷目標必須注重產出，注重企業在營銷活動中的回報，所以企業要滿足客戶需求，為客戶提供價值，不能做無用的事情。一方面，回報是維持市場關係的必要條件；另一方面，追求回報是營銷發展的動力，營銷的最終價值在於其是否給企業帶來短期或長期的收入能力。

(五) 6P 營銷策略組合

20 世紀 80 年代以來，世界經濟走向滯緩發展，市場競爭日益激烈，政治和社會因素對市場營銷的影響和制約越來越大。這就是說，一般營銷組合策略不僅要受到企業本身資源及目標的影響，而且更受企業外部不可控因素的影響和制約。一般市場營銷理論只看到外部環境對市場營銷活動的影響和制約，而忽視了企業經營活動也可以影響外部環境。克服一般營銷觀念的局限，大市場營銷策略應運而生。1986 年美國著名市場營銷學家菲利浦‧科特勒教授提出了大市場營銷策略，在原 4P 營銷組合理論的基礎上增加權力 (Power) 和公共關係 (Public Relations)，形成 6P 營銷組合理論。

科特勒給大市場營銷下的定義是：為了成功地進入特定市場，在策略上必須協調地使用經濟心理、政治和公共關係等手段，以取得外國或地方有關方面的合作和支持。此處所指特定的市場，主要是指壁壘森嚴的封閉型或保護型的市場。貿易保護主義的回潮和政府干預的加強，是國際、國內貿易中大市場營銷存在的客觀基礎。要打入這樣的特定市場，除了做出較多的讓步外，還必須運用大市場營銷策略即 6P 營銷組合策略。大市場營銷概念的要點在於當代營銷者日益需要借助政治力量和公共關係技巧去排除產品通往目標市場的各種障礙，取得有關方面的支持與合作，實現企業營銷目標。

大市場營銷組合理論與常規的營銷組合理論（4P 營銷組合理論）相比，有兩個明顯的特點：第一，十分注重調和企業與外部各方面的關係，以排除來自人為的（主要是政治方面的）障礙，打通產品的市場通道。這就要求企業在分析滿足目標顧客需要的同時，必須研究來自各方面的阻力，制定對策，這在相當程度上依賴於通過公共關係工作去完成。第二，打破了傳統的關於環境因素之間的分界線，也就是突破了市場營銷環境是不可控因素，重新認識市場營銷環境及其作用，某些環境因素可以通過企業的各種活動施加影響或運用權力疏通關係來加以改變。

（六）11P 營銷策略組合

1986 年 6 月，美國著名市場營銷學家菲利浦‧科特勒教授又提出了 11P 營銷組合理論，即在 6P 營銷組合理論之外加上探查、分割、優先、定位和人，並將產品、定價、渠道、促銷稱為「戰術 4P」，將探查、分割、優先、定位稱為「戰略 4P」。該理論認為，企業在「戰術 4P」和「戰略 4P」的支撐下，運用「權力」和「公共關係」，可以排除通往目標市場的各種障礙。

11P 營銷組合理論的主要內容如下：

產品（Product）：質量、功能、款式、品牌、包裝。

價格（Price）：合適的定價，在產品不同的生命週期內制定相應的價格。

促銷（Promotion）：尤其是好的廣告。

分銷（Place）：建立合適的銷售渠道。

政府權力（Power）：依靠兩個國家或地區政府之間的談判，打開另外一個國家市場的大門，依靠政府人脈，打通各方面的關係。

公共關係（Public Relations）：利用新聞宣傳媒體的力量，樹立對企業有利的形象報導，消除或減緩對企業不利的形象報導。

探查（Probe）：探索，就是市場調研，通過調研瞭解市場對某種產品的需求狀況如何，有什麼更具體的要求。

分割（Partition）：市場細分的過程，按影響消費者需求的因素進行分割。

優先（Priorition）：選出目標市場。

定位（Position）：為自己生產的產品賦予一定的特色，在消費者心目中形成一定的印象，或者說就是確立產品競爭優勢的過程。

員工（People）：「只有發現需求，才能滿足需求」，這個過程要靠員工實現，因此企業就想方設法調動員工的積極性。這裡不單單指員工，也指顧客。顧客也是企業營

銷過程的一部分，如網上銀行客戶參與性就很強。

模塊 C　營銷技能實訓

實訓項目 1：方案策劃訓練——STP 策劃方案

1. 實訓目標
（1）通過能力訓練提升制定市場營銷戰略的能力；
（2）通過能力訓練提升市場細分的能力；
（3）通過能力訓練提升目標市場選擇的能力；
（4）通過能力訓練提升市場定位的能力。

2. 實訓情景設置
（1）按模擬企業分組進行；
（2）每個企業模擬不同的市場情況；
（3）一個企業在模擬市場情況時，由其他企業模擬競爭者的反應。

3. 實訓內容
HD 服飾有限責任公司 2013 年在中國幾個區域市場中的銷售情況如表 5-2 所示：

表 5-2　　　　　　HD 服飾有限責任公司 2013 年銷售情況

細分市場	細分市場銷售額	該企業銷售額
華北市場	7298	206
中南市場	856	429
東北市場	5985	327
華東市場	19,465	1123
西南市場	4005	638
西北市場	3226	604

思考及策劃：每個企業結合中國當前市場情況和服裝行業情況，深入研究表格中的數據資料，為該服飾有限責任公司做一個進入最佳目標市場的 STP 策劃方案。
（資料來源：王瑤. 市場營銷基礎實訓與指導 [M]. 北京：中國經濟出版社，2009）

4. 實訓過程與步驟
（1）每個企業受領實訓任務；
（2）必要的理論引導和疑難解答；
（3）即時的現場控製；
（4）任務完成時的實訓績效評價。

5. 實訓績效

```
                            實訓報告
                    第_____次市場營銷實訓
實訓項目：_____
實訓名稱：_____
實訓導師姓名：_____；職稱（位）：_____；單位：校內□校外□
實訓學生姓名：_____；專業：_____；班級：_____
實訓學期：_____；實訓時間：_____；實訓地點：_____
實訓測評：
```

評價項目	教師評價	得分	學生自評	得分
任務理解（20分）				
情景設置（20分）				
操作步驟（20分）				
任務完成（20分）				
訓練總結（20分）				

```
教師評價得分：_____  學生自評得分：_____  綜合評價得分：_____
實訓總結：
獲得的經驗：_____
_____

存在的問題：_____
_____

提出的建議：_____
_____
```

實訓項目2：能力拓展訓練——產品與廣告搭配

1. 實訓目標

（1）通過能力訓練提升市場細分的能力；

（2）通過能力訓練提升目標市場選擇的能力；

（3）通過能力訓練提升市場定位的能力。

2. 實訓情景設置

（1）按模擬企業分組進行；

（2）每個企業模擬不同的市場情況；

（3）一個企業在模擬市場情況時，由其他企業模擬競爭者的反應。

3. 實訓內容

全班同學每人在粉色卡片上寫一件某品牌產品名稱，在紅色卡片上寫一個任意詞彙、一句歌詞、古詩詞、對聯或經典廣告語。實訓老師收回卡片后，將卡片按顏色分成兩組。每個企業派出一位同學從老師手中抽取兩種顏色卡片各1張，要求同學用紅色卡片上的詞

彙、歌詞、古詩詞、對聯或經典廣告語與粉色卡片上的產品進行最佳聯繫，為粉色卡片上的產品設計一句廣告詞。按照課程安排時間和實訓實際時間循環進行。要求具有創意性、關聯性，並根據創意性、關聯性對各個模擬企業最終表現進行成績評定。

（資料來源：張衛東. 市場營銷理論與實踐［M］. 北京：電子工業出版社，2011）

4. 實訓過程與步驟

（1）每個企業受領實訓任務；
（2）必要的理論引導和疑難解答；
（3）即時的現場控制；
（4）任務完成時的實訓績效評價。

5. 實訓績效

_____實訓報告
第_____次市場營銷實訓

實訓項目：_____
實訓名稱：_____
實訓導師姓名：_____；職稱（位）：_____；單位：校內□ 校外□
實訓學生姓名：_____；專業：_____；班級：_____
實訓學期：_____；實訓時間：_____；實訓地點：_____
實訓測評：

評價項目	教師評價	得分	學生自評	得分
任務理解（20分）				
情景設置（20分）				
操作步驟（20分）				
任務完成（20分）				
訓練總結（20分）				

教師評價得分：_____ 學生自評得分：_____ 綜合評價得分：_____

實訓總結：

獲得的經驗：_____

存在的問題：_____

提出的建議：_____

實訓項目3：情景模擬訓練——電冰箱的市場定位

1. 實訓目標

（1）通過能力訓練提升市場細分的能力；
（2）通過能力訓練提升目標市場選擇的能力；

（3）通過能力訓練提升市場定位的能力；

（4）通過能力訓練提升發現市場營銷機會的能力。

2. 實訓情景設置

（1）按模擬企業分組進行；

（2）每個企業模擬不同的市場定位情況；

（3）一個企業在模擬處理時，由其他企業模擬競爭者的反應。

3. 實訓內容

YS 電冰箱製造商根據自身的產品規格（分別為 200 升、500 升、1000 升電冰箱三種）和主要消費者群體（假設為家庭消費者、托兒所、餐館）進行市場細分（如圖 5-1）之后，決定進入「家庭消費者用 200 升電冰箱市場」，即選擇該子市場為其目標市場。圖 5-2 產品定位圖中 A、B、C、D 四個圓圈代表目標市場上四個競爭者，圓圈面積大小表示四個競爭者銷售額大小。競爭者 A 生產銷售高質量高價格的 200 升電冰箱，競爭者 B 生產銷售中等質量中等價格的 200 升電冰箱，競爭者 C 生產銷售中低質量低價格的 200 升電冰箱，競爭者 D 生產銷售低質量高價格的 200 升電冰箱。各模擬企業在充分研究市場背景資料基礎上，確定 YS 公司電冰箱市場定位。並說明選擇該市場定位的依據、優勢和劣勢。

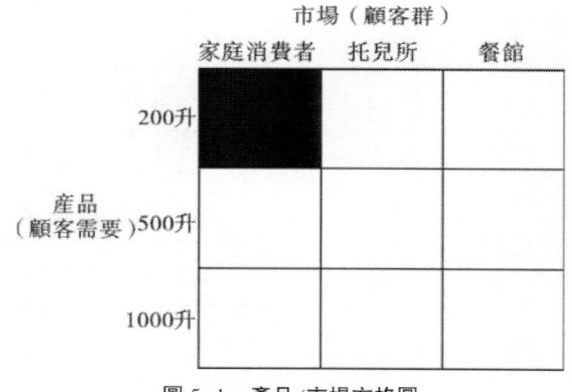

圖 5-1　產品/市場方格圖

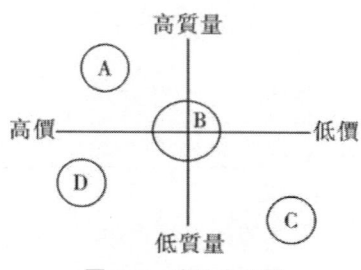

圖 5-2　產品定位圖

（資料來源：王瑤. 市場營銷基礎實訓與指導［M］. 北京：中國經濟出版社，2009）

4. 實訓過程與步驟
（1）每個企業受領實訓任務；
（2）必要的理論引導和疑難解答；
（3）即時的現場控製；
（4）任務完成時的實訓績效評價。
5. 實訓績效

_____實訓報告
第_____次市場營銷實訓

實訓項目：_____
實訓名稱：_____
實訓導師姓名：_____；職稱（位）：_____；單位：校內□校外□
實訓學生姓名：_____；專業：_____；班級：_____
實訓學期：_____；實訓時間：_____；實訓地點：_____
實訓測評：

評價項目	教師評價	得分	學生自評	得分
任務理解（20分）				
情景設置（20分）				
操作步驟（20分）				
任務完成（20分）				
訓練總結（20分）				

教師評價得分：_____　學生自評得分：_____　綜合評價得分：_____
實訓總結：
獲得的經驗：_____
_____
存在的問題：_____
_____
提出的建議：_____

第六章　產品策略實訓

實訓目標：

（1）深入理解和應用產品的內涵。
（2）深入理解和應用產品組合及其決策。
（3）深入理解和應用產品生命週期及其決策。
（4）深入理解和應用新產品及其開發策略。

模塊 A　引入案例

華龍方便面的產品組合

2003 年，在中國大陸市場上，位於河北邢臺市隆堯縣的華龍集團以超過 60 億包的方便面產銷量排在方便面行業第二位，僅次於「康師傅」，與「康師傅」「統一」形成了三足鼎立的市場格局，「華龍」也真正地由一個地方方便面品牌轉變為全國性品牌。

作為一個地方性品牌，華龍方便面為什麼能夠在「康師傅」和「統一」這兩個巨頭面前取得全國產銷量第二的成績，從而成為中國國內方便面行業又一股強大的勢力呢？

從市場角度而言，華龍方便面的成功與它的市場定位、通路策略、產品策略、品牌戰略、廣告策略等都不無關係，而其中產品策略中的產品市場定位和產品組合的作用更是居功至偉。下面我們就來分析華龍方便面是如何運用產品組合策略的。

一、發展初期的產品市場定位：針對農村市場的高中低端產品組合

在 20 世紀 90 年代初期，大的方便面廠家將其目標市場大多定位於中國的城市市場，如「康師傅」和「統一」的銷售主要依靠城市市場的消費來實現。而廣大農村市場則僅僅屬於一些質量不穩定、無品牌可言的地方小型方便面生產廠家，並且銷量極小，但中國農村方便面市場仍然蘊藏巨大的市場潛力。

1994 年，華龍方便面在創業之初便把產品準確定位在 8 億農民和 3 億工薪階層消費群上。同時，華龍方便面依託當地優質的小麥和廉價的勞動力資源，將一袋方便面的零售價定在 0.6 元以下，比一般名牌方便面低 0.8 元左右，售價低廉。

2000 年以前，「華龍」主推的低檔面有「108」「甲一麥」「華龍小仔」；中檔面有「小康家庭」「大眾三代」；高檔面有「紅紅紅」「煮著吃」。

憑藉此正確的目標市場定位策略，華龍方便面很快便在北方廣大的農村打開了

市場。

2002年，從銷量上看，華龍方便面地市級以上經銷商（含地市級）銷售量只占總銷售量的27%，縣城鄉鎮占73%，農村市場支撐了華龍方便面的發展。

二、發展中期的區域產品策略：針對不同區域市場高中低端產品組合

作為一個後起挑戰者，華龍方便面推行區域營銷策略。它創建了一條研究區域市場、瞭解區域文化、推行區域營銷、運作區域品牌、創作區域廣告的思路，在當地市場不斷獲得消費者的青睞。從2001年開始推行區域品牌戰略，針對不同地域消費者推出不同口味和不同品牌的系列新品（見表6-1）。

表6-1　　　　　　　　　華龍針對不同市場採取的區域產品策略

地域	主推產品	廣告訴求	系列	規格	價位	定位
河南	六丁目	演繹不跪（不貴）	六丁目 六丁目108 六丁目120 超級六T目	分為紅燒牛肉、辣牛肉等14種規格	低價位	目前市場上最低價位、最實惠的產品
山東	金華龍	山東人都認同「實在」的價值觀	金華龍	分為紅燒牛肉、麻辣牛肉等12種規格	低價位	低檔面
			金華龍108		中價位	中檔面
			金華龍120		高價位	高檔面
東北	東三福	核心訴求是「咱東北人的福面」	東三福	紅燒牛肉等6種口味、5種規格	高價位	高檔面
			東三福120		中價位	中檔面
			東三福130		低價位	低檔面
	可勁造	大家都來可勁造，你說香不香	可勁造	紅燒牛肉等3種口味、3種規格	高價位	繼東三福130之後的又一高檔面
全國	今麥郎	有彈性的方便面，向「康師傅」、「統一」等強勢品牌挑戰，分割高端市場	煮彈面 泡彈面 碗面 桶面	紅燒牛肉等4種口味、16種規格	高價位	高檔面系列、以城鄉消費為主

另外，華龍方便面還有如下系列產品：定位在小康家庭的最高檔產品「小康130」系列；面餅為圓形的「以圓面」系列；適合少年兒童的乾脆面系列；為感謝消費者推出的「甲一麥」系列；為尊重少數民族推出的「清真」系列；回報農民兄弟的「農家兄弟」系列；適合中老年人的「煮著吃」系列，以上系列產品都有3種以上的口味和6種以上的規格。

三、華龍方便面產品組合策略分析

方便面是華龍方便面的主要產品線，華龍方便面擁有方便面、調味品、餅業、面粉、彩頁、紙品六大產品線，也就是其產品組合的長度為6。

華龍方便面的產品組合非常豐富，其產品線的長度、深度和密度都達到了比較合理的水平，共有17種產品系列，十幾種產品口味，上百種產品規格。其合理的產品組合，使企業充分利用了現有資源，發掘現有生產潛力，更廣泛地滿足了市場的各種需求，佔有了更廣的市場面。華龍方便面豐富的產品組合有力地推動了其產品的銷售，有力地促進了「華龍」成為方便面行業第二的地位的形成。

　　華龍方便面在產品組合上的成功經驗如下：

　　（一）階段產品策略

　　根據企業不同的發展階段，適時地推出適合市場的產品。

　　（1）在發展初期將目標市場定位於河北省及周邊幾個省的農村市場。由於農村市場本身受經濟發展水平的制約，不可能接受高價位的產品，華龍集團非常清楚這一點，一開始就推出適合農村市場的「大眾面」系列，該系列產品由於其超低的價位，一下子打開了進入農村市場的門檻，隨後「大眾面」系列紅遍大江南北，搶佔了大部分低端市場。

　　（2）在企業發展幾年後，華龍集團積聚了更多的資本和市場經驗，又推出了面向全國其他市場的中高檔系列，如中檔的「小康家庭」「大眾三代」，高檔的「紅紅紅」等。華龍方便面由此打開了廣大北方農村市場。1999年，華龍方便面產值達到9億元人民幣。這是華龍集團根據市場發展需要和企業自身狀況而推出的又一階段性產品策略，同樣取得了成功。

　　（3）從2000年開始，華龍方便面的發展更為迅速，它也開始逐漸豐富自己的產品系列，面向全國不同市場又開發出了十幾個產品品種，幾十種產品規格。2001年，華龍方便面的銷售額猛增到19億元。這個時候，華龍方便面主要搶佔的仍然是中低檔面市場。

　　（4）2002年起，華龍方便面開始走高檔面路線，開發出第一個高檔面品牌——「今麥郎」。華龍方便面開始大力開發城市市場中的中高價位市場，此舉在如北京、上海等大城市大獲成功。

　　（二）區域產品策略

　　華龍集團從2001年開始推行區域品牌戰略，針對不同地域的消費者推出不同口味和不同品牌的系列新品。

　　（1）華龍集團產品和品牌戰略：不同區域推廣不同產品；少做全國品牌，多做區域品牌。

　　（2）作為一個後起挑戰者，華龍方便面在開始時選擇了中低端大眾市場，考慮到中國市場營銷環境差異性很大，地域不同，則市場不同、文化不同、價值觀不同、生活形態也大不相同。因此，華龍集團最大限度地挖掘區域市場，制定區域產品策略，因地制宜，各個擊破，最大程度分割當地市場。例如，針對河南省開發出「六丁目」，針對東北三省開發出「東三福」，針對山東省開發出「金華龍」等，與此同時還創作出區域廣告訴求（見表6-1）。

　　（3）華龍集團推行區域產品策略。這實際上創建了一條研究區域市場、瞭解區域文化、推行區域營銷、運作區域品牌、創作區域廣告的思路。

（4）之后華龍集團又開始推行區域品牌戰略，針對不同地域的消費者推出不同口味和不同品牌的系列新品。例如，針對回族的「清真」系列、針對東北三省的「可勁造」系列等產品。

（三）市場細分的產品策略

市場細分是企業常用的一種市場方法。通過市場細分，企業可確定顧客群對產品差異或對市場營銷組合變量的不同反應，其最終目的是確定為企業提供最大潛在利潤的消費群體，從而推出相應的產品。華龍集團就是進行市場細分的高手，並且取得了巨大成功。

（1）華龍集團根據行政區劃推出不同產品，如在河南省推出「六丁目」，在山東省推出「金華龍」，在東北三省推出「可勁造」。

（2）華龍集團根據地理屬性推出不同檔次的產品，如在城市和農村推出的產品有別。

（3）華龍集團根據經濟發達程度推出不同產品，如在經濟發達的北京等地推廣目前最高檔的「今麥郎」桶面、碗面。

（4）根據年齡因素推出適合少年兒童的乾脆面系列；適合中老年人的「煮著吃」系列。

（5）為感謝消費者推出「甲一麥」系列；為回報農民推出「農家兄弟」系列。

華龍集團十分注重市場細分，且不僅是依靠一種模式。華龍集團嘗試各種不同的細分變量或變量組合，找到了同對手競爭、擴大消費群體、促進銷售的新渠道。

（四）高中低的產品組合策略

從圖6-1中可以看出，華龍方便面的產品組合是一個高中低端相結合的產品組合形式，而低檔面仍占據著其市場銷量的大部分份額。

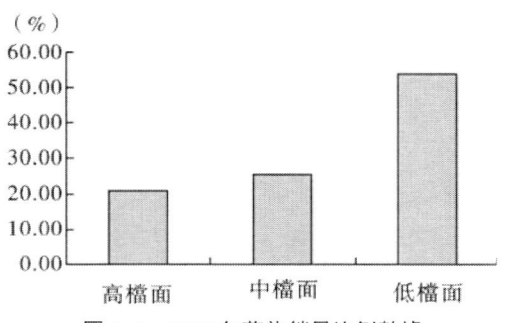

圖6-1 2002年華龍銷量比例數據

（1）全國市場整體上的高中低檔產品組合策略。既有低檔大眾系列，又有中檔「甲一麥」，也有高檔「今麥郎」。

（2）不同區域高中低檔產品策略。例如，在方便面競爭非常激烈的河南市場一直主推超低價位的「六丁目」系列。「六丁目」主打口號就是「不貴（貴）」。這是華龍集團為了和河南市場眾多方便面競爭而開發出的一種產品，零售價只有0.4元/包（給經銷商0.24元/包）。同時華龍集團將工廠設在河南許昌，讓河南很多方便面品牌的日

子非常難賣。在全國其他市場，如在東北三省繼「東三福」之后投放中檔「可勁造」系列，在大城市投放「今麥郎」系列。

（3）同一區域高中低檔面組合，開發不同消費層次市場。例如，在東北、山東等地都推出高中低三個不同檔次、三種不同價位產品，以滿足不同消費者對產品的需要。

（五）創新產品策略

每一個產品都有其生命發展的週期。華龍集團是一個新產品開發的專家，它十分注意開發新的產品和發展新的產品系列，從而來滿足市場不斷變化發展的需要。

（1）華龍集團在產品規格和口味上不斷進行創新。從 50 克一直到 130 克，華龍集團在 10 年時間裡總共開發了幾十種產品規格，如翡翠鮮蝦、香辣牛肉、烤肉味道等十余種新型口味。

（2）在產品形狀和包裝上大膽創新。例如，推出面餅圓形的「以圓面」系列；「彈得好，彈得妙，彈得味道呱呱叫」彈面系列；封面上體現新潮、時尚、酷的「A 小孩」系列等。

（3）產品概念上的創新。例如，華龍創造出適合中老年人的「煮著吃」的概念，煮著吃就是非油炸方便面，只能煮著吃，非常適合中老年人的需要。

（六）產品延伸策略

（1）產品延伸策略是華龍集團重要的產品策略。每個系列產品都有跟進「后代」產品。例如，在推出「六丁目」之后，又推出「六丁目108」「六丁目120」「超級六丁目」、在推出「金華龍」之后，又推出「金華龍108」「金華龍120」；在推出「東三福」之后，又推出「東三福120」「東三福130」。

（2）不僅有產品本身的延伸，而且在同一市場也注意對產品品牌進行的延伸。在東北三省推出「東三福」系列之后，又推出「可勁造」系列。

總之，華龍方便面的產品組合策略是比較成功的，值得我們認真分析和思考，有些方面也許還可以值得借鑒，值得推廣和運用。

（資料來源：中國營銷傳播網 http：//www. emkt. com. cn/article/176/17621 - 2. html）

案例思考：

（1）華龍方便面具有什麼樣的產品組合？其產品組合的亮點在哪裡？

（2）華龍方便面制定了怎樣的產品策略？其產品策略的亮點在哪裡？

模塊 B　基礎理論概要

一、產品的內涵

（一）產品的概念

產品（Product）是指營銷者提供給市場，能引起人們的注意、獲得、使用或消費，

從而滿足人們某種需要和慾望的一切東西。產品包括有形物品、服務、人員、地方、組織、構思，或者這些實體的組合。產品是用來滿足需要和慾望的，是提供給市場用來進行交換的東西。產品的「有用性」，不能單純地理解成是將其物質實體消耗的消費形式，還包括其他一些形式，如服務、人員、地點、思想等。

　　通常一個完整的產品概念由四部分組成：消費者洞察，即從消費者的角度提出其內心所關注的有關問題；利益承諾，即說明產品能為消費者提供哪些好處；支持點，即解釋產品的哪些特點是怎樣解決消費者洞察中所提出的問題的；總結，即用概括的語言（最好是一句話）將上述三點的精髓表達出來。

(二) 整體產品概念

　　1995年，菲利普‧科特勒在《市場管理：分析、計劃、執行與控製》修訂版中，將產品概念的內涵由三層次結構說擴展為五層次結構說，即包括核心利益、形式產品、期望產品、延伸（附加或擴大）產品和潛在產品。菲利普‧科特勒等學者認為，五個層次的表述方式能夠更深刻、更準確地表述產品整體概念的含義。整體產品概念要求企業在規劃市場時，要考慮到能提供顧客價值的五個層次。整體產品概念有如下五個基本層次（見圖6-2）：

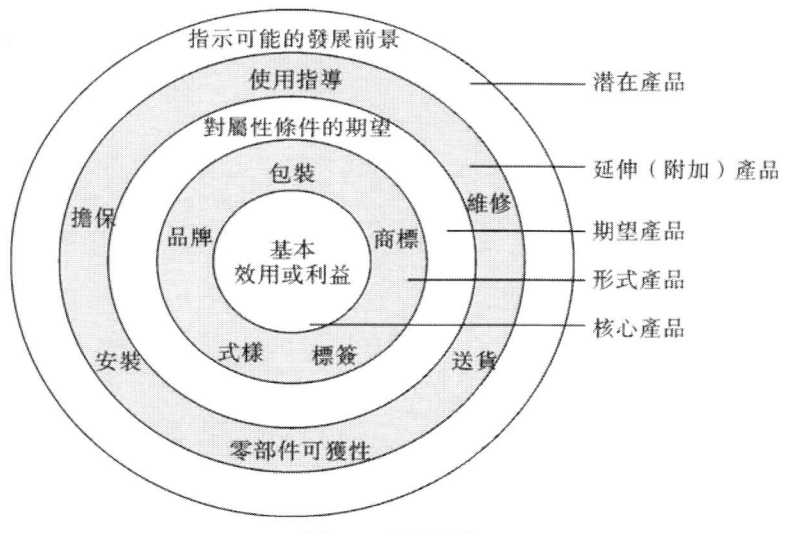

圖6-2　整體產品

1. 核心產品（Core Benefit）

　　核心產品是指向顧客提供的產品的基本效用或利益。從根本上說，每一種產品實質上都是為解決問題而提供的服務。因此，營銷人員向顧客銷售任何產品，都必須具有反應顧客核心需求的基本效用或利益。

2. 形式產品（Generic Product）

　　形式產品是指核心產品借以實現的形式，由品質、式樣、特徵、商標及包裝等特徵構成。即使是純粹的服務也具有類似的形式上的特點。

3. 期望產品（Expected Product）

期望產品是指購買者在購買產品時期望得到的與產品密切相關的一整套屬性和條件。

4. 延伸（附加）產品（Augmented Product）

延伸（附加）產品是指顧客購買形式產品和期望產品時附帶獲得的各種利益的總和，包括產品說明書、保證、安裝、維修、送貨、技術培訓等。國內外很多企業的成功，在一定程度上應歸功於他們更好地認識到服務在產品整體概念中所占的重要地位。

5. 潛在產品（Potential Product）

潛在產品是指現有產品包括所有附加產品在內的，可能發展成為未來最終產品的潛在狀態的產品。潛在產品指出了現有產品可能的演變趨勢和前景。

(三) 產品的分類

按購買目的分為消費品和產業用品。消費品是指家庭或個人購買和使用的產品或服務。產業用品是指組織購買和使用的產品或服務。產業用品包括材料部件、資本項目（裝備和附屬設備）、供應品和服務。

按耐用性和是否有形分為非耐用品、耐用品和服務。

按消費者的購買行為習慣分為方便品、選購品、特殊品和非渴望品。

二、產品組合及其決策

(一) 產品組合

產品組合是一個企業營銷的全部產品的總稱，是企業提供給顧客的所有產品線和產品項目的組合。產品組合由品種和規格構成，反應企業的經營範圍和產品結構。產品項目構成產品組合和產品線的最小產品單位。產品組合包括四個因素：產品系列的寬度、長度、深度和關聯性。這四個因素的不同，構成了不同的產品組合。

1. 寬度（廣度）

產品組合的寬度是指企業產品線總數。產品線也稱產品大類、產品系列，是指密切相關的一組產品項目，這些產品採用了相同技術或結構、具有相同使用功能、通過類似的銷售渠道銷售給類似的顧客群，價格在一定幅度變動但規格不同的一組產品。這裡的密切相關可以是使用相同的生產技術，產品有類似功能，同類的顧客群或同屬於一個價格幅度。產品組合的寬度說明了企業的經營範圍大小、跨行業經營，甚至實行多元化經營程度。增加產品組合的寬度，可以充分發揮企業的特長，使企業的資源得到充分利用，提高經營效益。

2. 長度

產品組合的長度是指一個企業的產品項目總數。產品項目指列入企業產品線中具有不同規格、型號、式樣或價格的最基本產品單位。通常，每一產品線中包括多個產品項目，企業各產品線的產品項目總數就是企業產品組合長度。

3. 深度

產品組合的深度是指產品線中每一產品有多少品種。例如，M牙膏產品線下的產

品項目有三種，a牙膏是其中一種，而a牙膏有三種規格和兩種配方，那麼a牙膏的深度是6。產品組合的長度和深度反應了企業滿足各個不同細分子市場的程度。增加產品項目，增加產品的規格、型號、式樣、花色，可以迎合不同細分市場消費者的不同需要和愛好，招徠、吸引更多顧客。

4. 關聯性（黏度）

產品組合的關聯性是指企業的各產品線在最終用途、生產條件、分銷渠道等方面的相關聯程度。較高的產品關聯性能帶來企業規模效益和範圍效益，提高企業在某一地區、行業的聲譽。產品組合的關聯性強，企業的營銷管理難度就小，但經營範圍就窄，營銷風險要大一些；反之，企業產品組合的關聯性差，營銷管理的難度大，經營的範圍就廣，風險相對要小一些。

(二) 產品組合決策

1. 擴大產品組合策略

擴大產品組合策略是開拓產品組合的廣度和加強產品組合的深度。開拓產品組合廣度是指增添一條或幾條產品線，擴展產品經營範圍；加強產品組合深度是指在原有的產品線內增加新的產品項目。

擴大產品組合的具體方式：在維持原產品品質和價格的前提下，增加同一產品的規格、型號和款式；增加不同品質和不同價格的同一種產品；增加與原產品相類似的產品；增加與原產品毫不相關的產品。

擴大產品組合的優點：滿足不同偏好消費者多方面的需求，提高產品市場佔有率；充分利用企業信譽和商標知名度，完善產品系列，擴大經營規模；充分利用企業資源和剩餘生產能力，提高經濟效益；減小市場需求變動性的影響，分散市場風險，降低損失程度。

2. 縮減產品組合策略

縮減產品組合策略是削減產品線或產品項目，特別是要取消那些獲利小的產品，以便集中力量經營獲利大的產品線和產品項目。

縮減產品組合的方式：減少產品線數量，實現專業化生產經營；保留原產品線削減產品項目，停止生產某類產品，外購同類產品繼續銷售。

縮減產品組合的優點：集中資源和技術力量改進保留產品的品質，提高產品商標的知名度；生產經營專業化，提高生產效率，降低生產成本；有利於企業向市場的縱深發展，尋求合適的目標市場；減少資金占用，加速資金週轉。

3. 高檔產品策略

高檔產品策略就是在原有的產品線內增加高檔次、高價格的產品項目。

高檔產品策略的好處：高檔產品生產經營容易為企業帶來豐厚利潤；可以提高企業現有產品聲望，提高企業產品市場地位；有利於帶動企業生產技術水平和管理水平提高。

採用這一策略的企業也要承擔一定風險。因為企業慣以生產廉價產品的形象在消費者心目中不可能立即轉變，使得高檔產品不容易很快打開銷路，從而影響新產品項

目研製費用的迅速收回。

4. 低檔產品策略

低檔產品策略就是在原有的產品線中增加低檔次、低價格的產品項目。

實行低檔產品策略的好處：借高檔名牌產品的聲譽，吸引消費水平較低的顧客慕名購買該產品線中的低檔廉價產品；充分利用企業現有生產能力，補充產品項目空白，形成產品系列；增加銷售總額，擴大市場佔有率。

與高檔產品策略一樣，低檔產品策略的實行能夠迅速為企業尋求新的市場機會，同時也會帶來一定的風險。如果處理不當，可能會影響企業原有產品的市場聲譽和名牌產品的市場形象。

三、產品生命週期及其決策

(一) 產品生命週期

產品生命週期（Product Life Cycle），亦稱產品壽命週期，是指產品從進入市場開始，直到最終退出市場為止所經歷的市場生命循環過程。一種產品進入市場後，它的銷售量和利潤都會隨時間推移而改變，呈現一個由少到多再由多到少的過程，就如同人的生命一樣，由誕生、成長到成熟，最終走向衰亡。產品只有經過研究開發、試銷，然後進入市場，它的市場生命週期才算開始。產品退出市場則標誌生命週期結束。典型的產品生命週期一般可分為四個階段，即導入期、成長期、成熟期和衰退期（見圖6-3）。

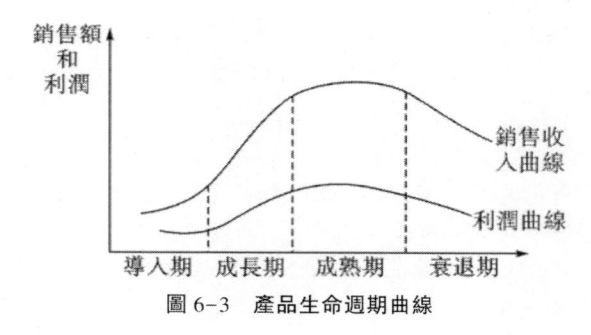

圖6-3 產品生命週期曲線

1. 導入（介紹）期

新產品投入市場，便進入導入期。此時，顧客對產品還不瞭解，只有少數追求新奇的顧客可能購買，銷售量很低。為了擴展銷路，需要大量促銷費用對產品進行宣傳。在這一階段，由於技術方面的原因，產品不能大批量生產，因而成本高，銷售額增長緩慢，企業不但得不到利潤，反而可能虧損。產品也有待進一步完善。

2. 成長期

這時顧客對產品已經熟悉，大量新顧客開始購買，市場逐步擴大。產品大批量生產，生產成本相對降低，企業的銷售額迅速上升，利潤也迅速增長。競爭者看到有利可圖，將紛紛進入市場參與競爭，使同類產品供給量增加，價格隨之下降，企業利潤

增長速度逐步減慢，最后達到產品生命週期利潤的最高點。

3. 成熟期

市場需求趨向飽和，潛在顧客已經很少，銷售額增長緩慢直至轉而下降，標誌著產品進入了成熟期。在這一階段，競爭逐漸加劇，產品售價降低，促銷費用增加，企業利潤下降。

4. 衰退期

隨著科學技術發展，新產品或新的代用品出現，將使顧客的消費習慣發生改變，轉向其他產品，從而使原來產品的銷售額和利潤額迅速下降。於是，產品又進入了衰退期。

(二) 產品生命週期決策

1. 導入期營銷策略

導入期的特徵是產品銷量少，促銷費用高，製造成本高，銷售利潤很低甚至為負值。根據這一階段的特點，企業應努力做到：投入市場的產品要有針對性；進入市場的時機要合適；設法把銷售力量直接投向最有可能的購買者，使市場盡快接受該產品，以縮短介紹期，更快地進入成長期。在產品的介紹期，一般可以由產品、分銷、價格、促銷四個基本要素組合成各種不同的市場營銷策略。僅將價格高低與促銷費用高低結合起來考慮，就有下面四種策略：

(1) 快速撇脂策略，即以高價格、高促銷費用推出新產品。實行高價策略可在每單位銷售額中獲取最大利潤，盡快收回投資；高促銷費用能夠快速建立知名度，占領市場。實施這一策略須具備以下條件：產品有較大的需求潛力；目標顧客求新心理強，急於購買新產品；企業面臨潛在競爭者的威脅，需要及早樹立品牌形象。一般而言，在產品引入階段，只要新產品比替代產品有明顯的優勢，市場對其價格就不會那麼計較。

(2) 緩慢撇脂策略，即以高價格、低促銷費用推出新產品。目的是以盡可能低的費用開支求得更多的利潤。實施這一策略的條件是：市場規模較小；產品已有一定的知名度；目標顧客願意支付高價；潛在競爭威脅不大。

(3) 快速滲透策略，即以低價格、高促銷費用推出新產品。目的在於先發制人，以最快的速度打入市場，取得盡可能大的市場佔有率，然后再隨著銷量和產量的擴大，使單位成本降低，取得規模效益。實施這一策略的條件是：該產品市場容量相當大；潛在消費者對產品不瞭解，且對價格十分敏感；潛在競爭較為激烈；產品的單位製造成本可隨生產規模和銷售量的擴大迅速降低。

(4) 緩慢滲透策略，即以低價格、低促銷費用推出新產品。低價可擴大銷售，低促銷費用可降低營銷成本，增加利潤。這種策略的適用條件是：市場容量很大；市場上該產品的知名度較高；市場對價格十分敏感；存在某些潛在的競爭者，但威脅不大。

2. 成長期營銷策略

新產品經過市場導入期以后，消費者對該產品已經熟悉，消費習慣也已形成，銷售量迅速增長，這種新產品就進入了成長期。進入成長期以后，老顧客重複購買，並且帶來了新的顧客，銷售量激增，企業利潤迅速增長，在這一階段利潤達到高峰。隨著銷售量增大，企業生產規模也逐步擴大，產品成本逐步降低，新的競爭者會投入競

爭。隨著競爭加劇，新的產品特性開始出現，產品市場開始細分，分銷渠道增加。企業為維持市場繼續成長，需要保持或稍微增加促銷費用，但由於銷量增加，平均促銷費用有所下降。針對成長期的特點，企業為維持其市場增長率，延長獲取最大利潤的時間，可以採取下面幾種策略：

（1）改善產品品質。例如，增加新功能，改變產品款式，發展新型號，開發新用途等。對產品進行改進，可以提高產品的競爭能力，滿足顧客更廣泛的需求，吸引更多的顧客。

（2）尋找新的細分市場。通過市場細分，找到新的尚未滿足的細分市場，根據其需要組織生產，迅速進入這一新的市場。

（3）改變廣告宣傳的重點。把廣告宣傳的重心從介紹產品轉到建立產品形象上來，樹立產品名牌，維繫老顧客，吸引新顧客。

（4）適時降價。在適當的時機，可以採取降價策略，以激發那些對價格比較敏感的消費者產生購買動機和採取購買行動。

3. 成熟期營銷策略

進入成熟期以后，產品的銷售量增長緩慢，逐步達到最高峰，然后緩慢下降；產品的銷售利潤也從成長期的最高點開始下降；市場競爭非常激烈，各種品牌、各種款式的同類產品不斷出現。對成熟期的產品，宜採取主動出擊的策略，使成熟期延長或使產品生命週期出現再循環。為此，可以採取以下三種策略：

（1）市場調整。這種策略不是要調整產品本身，而是發現產品的新用途、尋求新的用戶或改變推銷方式等，以使產品銷售量得以擴大。

（2）產品調整。這種策略是通過產品自身的調整來滿足顧客的不同需要，吸引有不同需求的顧客。整體產品概念的任何一層次的調整都可視為產品再推出。

（3）市場營銷組合調整。通過對產品、定價、渠道、促銷四個市場營銷組合因素加以綜合調整，刺激銷售量的回升。常用的方法包括降價、提高促銷水平、擴展分銷渠道和提高服務質量等。

4. 衰退期營銷策略

衰退期的主要特點是：產品銷售量急遽下降；企業從這種產品中獲得的利潤很低甚至為零；大量的競爭者退出市場；消費者的消費習慣已發生改變等。面對處於衰退期的產品，企業需要進行認真的研究分析，決定採取什麼策略，在什麼時間退出市場。通常有以下幾種策略可供選擇：

（1）繼續策略。繼續沿用過去的策略，仍按照原來的細分市場，使用相同的分銷渠道、定價及促銷方式，直到這種產品完全退出市場為止。

（2）集中策略。把企業能力和資源集中在最有利的細分市場和分銷渠道上，從中獲取利潤。這樣有利於縮短產品退出市場的時間，同時又能為企業創造更多的利潤。

（3）收縮策略。拋棄無希望的顧客群體，大幅度降低促銷水平，盡量減少促銷費用，以增加利潤。這樣可能導致產品在市場上的衰退加速，但也能從忠實於這種產品的顧客中得到利潤。

（4）放棄策略。對於衰退比較迅速的產品，應該當機立斷，放棄經營。可以採取

完全放棄的形式，如把產品線完全轉移出去或立即停止生產；也可以採取逐步放棄的方式，使其所占用的資源逐步轉向其他的產品。

產品生命週期各階段特徵及營銷策略如表 6-2 所示：

表 6-2　　　　　　　　　　產品生命週期各階段特徵及營銷策略

	階段	導入期	成長期	成熟期	衰退期
特徵	銷售額	低	快速增長	緩慢增長	衰退
	利潤	易變動	頂峰	下降	低或無
	現金流量	負數	適度	高	低
	顧客	創新使用者	大多數人	大多數人	落後者
	競爭者	稀少	漸多	最多	漸少
策略	策略重心	擴張市場	滲透市場	保持市場佔有率	提高生產率
	營銷支出	高	高（但百分比下降）	下降	低
	營銷重點	產品知曉	品牌偏好	品牌忠誠度	選擇性
	營銷目的	提高產品知名度及產品試用	追求市場最大佔有率	追求最大利潤及保持市場佔有率	減少支出及增加利潤回收
	分銷方式	選擇性分銷	密集式	更加密集式	排除不合適、效率差的渠道
	價格	成本加成法	滲透性價格策略	競爭性價格策略	削價策略
	產品	基本型為主	改進品，增加產品種類及服務保證	差異化、多樣化的產品及品牌	剔除弱勢產品項目
	廣告	爭取早期使用者，建立產品知名度	大量營銷	建立品牌差異及利益	維持品牌忠誠度
	銷售追蹤	大量促銷及產品試用	利用消費者需求增加	鼓勵改變採用公司策略	將支出降至最低

四、新產品開發策略

(一) 新產品的概念

　　新產品是指採用新技術原理、新設計構思研製、生產的全新產品，或在結構、材質、工藝等某一方面比原有產品有明顯改進，從而顯著提高了產品性能或擴大了使用功能的產品。對新產品的定義可以從企業、市場和技術三個角度進行。對企業而言，第一次生產銷售的產品都叫新產品；對市場來講則不然，只有第一次出現、向市場提供的過去沒有生產過的產品才叫新產品；從技術方面看，在產品的原理、結構、功能和形式上發生了改變的產品叫新產品。

　　營銷學的新產品包括了前面三者的成分，但更注重消費者的感受與認同，它是從產品整體性概念的角度來定義的，凡是產品整體性概念中任何一部分的創新或改進，

並且能給消費者帶來某種新的感受、新的滿足和新的利益的相對新的或絕對新的產品，都可以認為是一種新產品。市場營銷意義上的新產品涵義很廣，除包含因科學技術在某一領域的重大發現所產生的新產品外，還包括：在生產銷售方面，只要產品在功能上或形態上發生改變，與原來的產品產生差異，甚至只是產品從原有市場進入新的市場，都可視為新產品；在消費者方面，則是指能進入市場給消費者提供新的利益或新的效用而被消費者認可的產品。

(二) 新產品的類型

按產品研究開發過程，新產品可分為全新產品、改進型新產品、模仿型新產品、形成系列型新產品、降低成本型新產品和重新定位型新產品。

1. 全新產品

全新產品是指應用新原理、新技術、新材料，具有新結構、新功能的產品。該新產品在全世界首先開發，能開創全新的市場。全新產品占新產品的比例為10%左右。

2. 改進型新產品

改進型新產品是指在原有老產品基礎上進行改進，使產品在結構、功能、品質、花色、款式及包裝上具有新特點和新突破。改進后的新產品，其結構更加合理，功能更加齊全，品質更加優質，能更多地滿足消費者不斷變化的需要。改進型新產品占新產品的26%左右。

3. 模仿型新產品

模仿型新產品是企業對國內外市場上已有的產品進行模仿生產，稱為本企業的新產品。模仿型新產品約占新產品的20%左右。

4. 形成系列型新產品

形成系列型新產品是指在原有產品大類中開發出新的品種、花色、規格等，從而與企業原有產品形成系列，擴大產品的目標市場。該類型新產品占新產品的26%左右。

5. 降低成本型新產品

降低成本型新產品是以較低的成本提供同樣性能的新產品，主要是指企業利用新科技，改進生產工藝或提高生產效率，削減原產品的成本，但保持原有功能不變的新產品。這種新產品的比重為11%左右。

6. 重新定位型新產品

重新定位型新產品是指企業的老產品進入新的市場而被稱為該市場的新產品。這類新產品約占全部新產品的7%左右。

(三) 新產品開發戰略

新產品開發戰略的類型是根據新產品戰略的維度組合而成，產品的競爭領域、新產品開發的目標及實現目標的措施三個維度構成了新產品戰略。對各維度及維度的諸要素組合便形成各種新產品開發戰略。幾種典型的新產品開發戰略如下：

1. 冒險或創業戰略

冒險戰略是具有高風險性的新產品戰略，通常是在企業面臨巨大的市場壓力時而為之，企業常常會孤註一擲地調動其所有資源投入新產品開發，期望風險越大，回報

越大。該戰略的產品競爭領域是產品最終用途和技術的結合，企業希望在技術上有較大的發展甚至是一種技術突破；新產品開發的目標是迅速提高市場佔有率，成為該新產品市場的領先者；創新度希望是首創，甚至是首創中的技術性突破；以率先進入市場為投放契機；創新的技術來源採用自主開發、聯合開發或技術引進的方式。實施該新產品戰略的企業須具備領先的技術、巨大的資金實力、強有力的營銷運作能力。中小企業顯然不適合運用此新產品開發戰略。

2. 進取戰略

進取新產品戰略是由以下要素組合而成：競爭領域在於產品的最終用途和技術方面，新產品開發的目標是通過新產品市場佔有率的提高使企業獲得較快的發展；創新程度較高，頻率較快；大多數新產品選擇率先進入市場；開發方式通常是自主開發；以一定的企業資源進行新產品開發，不會因此而影響企業現有的生產狀況。新產品創意可來源於對現有產品用途、功能、工藝、營銷策略等的改進，改進型新產品、降低成本型新產品、形成系列型新產品、重新定位型新產品都可成為其選擇。進取戰略也不排除具有較大技術創新的新產品開發。該新產品戰略的風險相對要小。

3. 緊跟戰略

緊跟戰略是指企業緊跟本行業實力強大的競爭者，迅速仿製競爭者已成功上市的新產品，來維持企業的生存和發展。許多中小企業在發展之初常採用該新產品的開發戰略。該戰略的特點是：產品的戰略競爭領域是由競爭對手所選定的產品或產品的最終用途，本企業無法也無須選定；企業新產品開發的目標是維持或提高市場佔有率；仿製新產品的創新程度不高；產品進入市場的時機選擇具有靈活性；開發方式多為自主開發或委託開發；緊跟戰略的研究開發費用小，但市場營銷風險相對要大。實施該新產品戰略的關鍵是緊跟要及時、全面、快速和準確地獲得競爭者有關新產品開發的信息是仿製新產品開發戰略成功的前提；對競爭者的新產品進行模仿式改進會使其新產品更具競爭力；強有力的市場營銷運作是該戰略的保障。

4. 保持地位或防禦戰略

保持或維持企業現有的市場地位，有這種戰略目標的企業會選擇新產品開發的防禦戰略。該戰略的產品競爭領域是市場上的新產品；新產品開發的目標是維持或適當擴大市場佔有率，以維持企業的生存；多採用模仿型新產品開發模式；以自主開發為主，也可採用技術引進方式；產品進入市場的時機通常要滯后；新產品開發的頻率不高。成熟產業或夕陽產業中的中小企業常採用此戰略。

模塊C　營銷技能實訓

實訓項目1：情景模擬訓練——英特爾產品標誌語

1. 實訓目標

（1）通過訓練提升對整體產品的把握能力；

（2）通過能力訓練提升進行產品生命週期決策的能力；

（3）通過能力訓練提升進行新產品開發策略的能力。

2. 實訓情景設置

（1）按模擬企業分組進行；

（2）每個企業模擬不同的產品情況；

（3）一個企業在模擬產品情況時，由其他企業模擬消費者的反應。

3. 實訓內容

在20世紀90年代早期，隨著個人電腦在商業市場和消費者市場的空前發展，計算機芯片製造商比比皆是，它們銷售了無數的386微處理器。但是，儘管模仿可以算做最真誠的奉承，但是當其他的製造商也將其微處理器命名為「386」時，英特爾公司感到了不悅。英特爾公司試圖阻止其競爭對手使用「386」，法庭的判決卻使英特爾公司不能將「386」這一數字算作品牌。這一裁決給丹尼斯‧卡特和他在英特爾的同事們在營銷方面帶來了挑戰，他們能夠賦予英特爾的芯片以新的品牌個性嗎？作為解決方案，公司最後啟用了「內裝英特爾（Intel Inside）」這一標誌語。

上述是英特爾的解決方案。那麼為什麼卡特選擇「內裝英特爾（Intel Inside）」這一標誌語來確立其品牌個性呢？以下是三種可能的原因：

方案1：卡特選擇「內裝英特爾（Intel Inside）」是因為微處理器芯片還處在產品生命週期的導入階段，因此英特爾需要一個能夠提供有關其產品特徵的詳細信息的戰略。英特爾覺得標誌語能夠吸引那些正在尋找一個可靠的處理器芯片但又不知如何判斷芯片優劣的顧客。

方案2：卡特選擇這一標誌語是因為英特爾的名字在從事電腦行業的人士中已相當有名。這樣的話，使用「內裝英特爾（Intel Inside）」這一標誌語就為英特爾公司提供了和其他電腦製造商一起實施合作品牌戰略的機會。這些製造商們就可以向市場傳遞這樣一個信息：他們的電腦是物有所值的，因為「內裝英特爾（Intel Inside）」。

方案3：卡特之所以選擇「內裝英特爾（Intel Inside）」，是因為他想讓公司逐步形成一個統一的品牌戰略。他想將這一標誌語推而廣之，用於公司生產的包括微處理器在內的其他一些產品。到最後甚至可用於諸如帽子、T恤衫之類的商品上。卡特有意使這一標誌語帶有一定的模糊性——你只知道其中有英特爾的產品，但又不知道這產品到底是什麼——這就使得公司能夠在這一標誌語下開發出其他的產品。

現在，設想你是英特爾公司的一員，對比認為哪種方案是徵求得到的呢？為什麼？

（資料來源：黃沛. 新編營銷實務教程［M］. 北京：清華大學出版社，2005）

4. 實訓過程與步驟

（1）每個企業受領實訓任務；

（2）必要的理論引導和疑難解答；

（3）即時的現場控製；

（4）任務完成時的實訓績效評價。

5. 實訓績效

```
_____實訓報告
第_____次市場營銷實訓
實訓項目：_____
實訓名稱：_____
實訓導師姓名：_____；職稱（位）：_____；單位：校內□ 校外□
實訓學生姓名：_____；專業：_____；班級：_____
實訓學期：_____；實訓時間：_____；實訓地點：_____
實訓測評：
```

評價項目	教師評價	得分	學生自評	得分
任務理解（20分）				
情景設置（20分）				
操作步驟（20分）				
任務完成（20分）				
訓練總結（20分）				

```
教師評價得分：_____  學生自評得分：_____  綜合評價得分：_____
實訓總結：
獲得的經驗：_____

存在的問題：_____

提出的建議：_____
```

實訓項目2：方案策劃訓練——產品說明書設計訓練

1. 實訓目標
（1）能認識並實現組織分工與團隊合作；
（2）能撰寫出符合格式要求的產品說明書；
（3）能整理總結出產品說明書設計課題分析報告；
（4）能用口頭清晰地表達出產品說明書設計實訓心得。
2. 實訓情景設置
（1）按模擬企業分組進行；
（2）每個企業模擬不同的產品情況；
（3）一個企業在模擬產品情況時，由其他企業模擬消費者的反應。
3. 實訓內容
　　Goodlook化妝用品有限公司生產的青年女性專用的新型植物蛋白化妝用品，為綠色天然健康產品，該產品採用臨界萃取技術，從植物中提取超精華蛋白，富含保濕超高彈

性活力分子，具有高效潤膚與持續保濕的功效。該產品保質期為常溫條件下3年；儲存要求為保存於陰涼干燥處，避免陽光暴曬。該產品的生產許可證號為HZ16-1095335，產品執行標準為QB/T 1975-2004，國家專利號為GJ201036002188，衛生許可證號為衛妝準字（2010）第2010-HZ-00028號，產品獲得ISO9001、ISO14001體系認證。

企業生產地址：廣東省汕頭市潮南大道；郵編：515100；電話：0753-72688861；網址：www.Goodlook.com.cn；E-mail：Goodlook@Goodlook.com.cn。

各模擬企業試根據案例背景資料，為該公司新型植物蛋白化妝用品撰寫一份特色鮮明的產品說明書。

（資料來源：羅紹明，等. 市場營銷實訓教程［M］. 北京：對外經濟貿易大學出版社，2010）

4. 實訓過程與步驟

（1）每個企業受領實訓任務；
（2）必要的理論引導和疑難解答；
（3）即時的現場控製；
（4）任務完成時的實訓績效評價。

5. 實訓績效

_____實訓報告
第_____次市場營銷實訓

實訓項目：_____

實訓名稱：_____

實訓導師姓名：_____；職稱（位）：_____；單位：校內□ 校外□

實訓學生姓名：_____；專業：_____；班級：_____

實訓學期：_____；實訓時間：_____；實訓地點：_____

實訓測評：

評價項目	教師評價	得分	學生自評	得分
任務理解（20分）				
情景設置（20分）				
操作步驟（20分）				
任務完成（20分）				
訓練總結（20分）				

教師評價得分：_____   學生自評得分：_____   綜合評價得分：_____

實訓總結：

獲得的經驗：_____

存在的問題：_____

提出的建議：_____

實訓項目3：能力拓展訓練——新產品開發

1. 實訓目標
(1) 通過訓練提升創意思維能力；
(2) 通過能力訓練提升進行產品組合決策的能力；
(3) 通過能力訓練提升制定新產品開發策略的能力。
2. 實訓情景設置
(1) 按模擬企業分組進行；
(2) 每個企業模擬不同的產品情況；
(3) 一個企業在模擬產品情況時，由其他企業模擬消費者的反應。
3. 實訓內容
　　每個模擬企業採用頭腦風暴法，10分鐘內盡可能多地列舉出某種產品的缺點。只考慮想法，不考慮可行性，不必考慮改進的現實性；鼓勵異想天開，想法越新穎越好；可以尋求各種想法的組合和改進；其他組員或企業不許有任何批評意見。每個企業指定1人記錄列舉出的缺點。規定時間結束後，分類、匯總各企業列舉出的缺點，並向全班公布。面向全班，針對列舉出的某項缺點，由各個企業指定發言人，提出新產品開發創意，在規定時間內盡可能多地提出創意。比較評價各個企業列舉出的缺點和新產品開發創意的數量和質量，評定各企業成績。
(資料來源：張衛東. 市場營銷理論與實踐［M］. 北京：電子工業出版社，2011)
4. 實訓過程與步驟
(1) 每個企業受領實訓任務；
(2) 必要的理論引導和疑難解答；
(3) 即時的現場控製；
(4) 任務完成時的實訓績效評價。

5. 實訓績效

_____實訓報告
第_____次市場營銷實訓

實訓項目：_____
實訓名稱：_____
實訓導師姓名：_____；職稱（位）：_____；單位：校內□ 校外□
實訓學生姓名：_____；專業：_____；班級：_____
實訓學期：_____；實訓時間：_____；實訓地點：_____
實訓測評：

評價項目	教師評價	得分	學生自評	得分
任務理解（20分）				
情景設置（20分）				
操作步驟（20分）				
任務完成（20分）				
訓練總結（20分）				

教師評價得分：_____ 學生自評得分：_____ 綜合評價得分：_____
實訓總結：
獲得的經驗：_____
_____
存在的問題：_____
_____
提出的建議：_____
_____

第七章　定價策略實訓

實訓目標：

（1）深入理解影響定價的因素。
（2）深入理解及應用定價方法。
（3）深入理解及應用定價策略。
（4）深入理解競爭性調價。

模塊 A　引入案例

用價格槓桿撬動市場
——聯想開拓液晶市場「三大戰役」營銷案例

2003 年 9 月 15 日，聯想集團發動了自 2001 年以來的普及液晶顯示器的第三次戰役，將 17 英吋（1 英吋約等於 2.54 厘米，下同）液晶顯示器的 P4 主流配置整機價格降到了 7999 元的最低點。聯想集團相關人士表示：「這批電腦的預訂情況好得驚人，在接收訂單的第一天就訂出了 4 萬臺，這在現在的個人電腦銷售市場上幾乎是個奇跡。」

其實這個結果在聯想集團的意料之中，這只是前兩年類似經歷的重演。2001 年 6 月，在聯想集團發動第一次「液晶風暴」之前，品牌個人電腦標配液晶顯示器的比例僅為 1%。而 3 個月后，這一比例驟然上升到了 30%。2002 年 9 月，聯想集團再度發力，以 7999 元「P4+極速液晶」的極速液晶顯示器個人電腦徹底顛覆了「萬元液晶」的市場。

從聯想集團的一連串市場舉動中可以看出聯想集團推廣液晶顯示器的計劃性和步驟性。明基電通的一產品經理說：「聯想液晶風暴的成功運作是引爆國內液晶顯示器市場的催化劑。」

一、2001 年「動作之戰」

（一）市場背景

2001 年，全球經濟不景氣，信息技術行業全面裁員，市場環境不容樂觀。在此期間，個人電腦市場經歷了一場令人觸目驚心的價格大戰。但即便如此，第一季度個人電腦市場的銷量仍不理想。從營銷和市場運作的角度看，這一階段，各大個人電腦品牌均缺乏能夠有效吸引用戶注意力進而點燃起消費需求的「亮點」。

（二）時機選擇

在市場蕭條、需求萎縮的實際情況之下，聯想集團希望能夠發現和開拓市場的亮點，引爆個人電腦市場。隨著英特爾集團逐漸加強市場宣傳和降價措施的力度、微軟集團最新操作系統 Windows XP 的即將推出，2001 年上半年最後的兩個月，國內的品牌個人電腦廠商開始將 P4 電腦作為市場的主推產品，各家圍繞著 P4 電腦的市場推廣戰略逐漸形成。

由於 PC 產品高度的「標準化」，如果僅把 P4 處理器作為唯一的營銷武器，各品牌仍舊很難避免隨產品同質而來的需求疲軟。那麼，如何才能找到讓消費者為之興奮的亮點呢？

國內消費者對液晶電腦有強烈的反響，但是直至 2001 年 6 月之前，液晶電腦仍未進入尋常家庭——價格門檻過高固然是造成了這種「曲高和寡」的現實，而個人電腦廠商不能拿出適合消費者接受實際的解決方案也是一個重要的因素。

（三）市場策略

聯想集團的市場策略是利用自身的品牌、產品（規模化生產）、渠道等優勢，強力「干預」液晶顯示器的價格體系，迅速推進液晶顯示器的普及，打一場漂亮的「運作之戰」。聯想集團決定分四個階段來實施其「液晶風暴」策略。

第一階段：5 月 21 日，率先以破萬元的震撼價格推出主流配置的液晶顯示器電腦。此舉極大地拓展了此類產品的用戶範圍，給冰凍已久的家用電腦市場打了一針強心劑，並由此引爆了家用個人電腦的市場需求。

第二階段：6 月 18 日的聯想消費 IT（信息技術，下同）戰略發布會，是聯想自劃分 6 大業務群組后消費群組的首次策略發布會，會議提出了未來 3 年消費 IT 的策略和設想，並將液晶顯示器確定為未來數字家庭的視頻平臺。這一看法得到了業界觀察家、國內外同行以及合作夥伴的廣泛認可。6 月 22 日，暑期促銷進入高峰，將聯想液晶電腦的用戶範圍擴展到了全國各省市，以鞏固在液晶顯示器方面的市場領先優勢。

第三階段：7 月 9 日，聯想集團與全球 6 大液晶顯示器巨頭結成策略聯盟，確保了貨源，並給競爭對手形成了「可能缺貨」的強大壓力，從而拉大了與競爭對手的距離，保證了聯想集團在中國個人電腦市場的領先地位。

第四階段：8 月 27 日，聯想集團完成了 3 個月來「液晶高臺跳水」的最后一個動作，開始推行「全民液晶」風暴，真正把「液晶」變成了國產個人電腦的標準配置。

值得一提的是，聯想液晶風暴直接引發了業界和輿論界關於液晶顯示器技術、市場的大討論，有評論稱：「由於聯想『橫刀介入』，液晶顯示器在中國的普及至少提前了兩年。」

二、2002 年產品之戰

聯想在推廣液晶顯示器應用方面的不遺余力讓更多的國內外廠商如夢初醒。它們紛紛參與到這場市場鏖戰中，並不斷推出新的機型來遏制聯想的攻勢。鑒於運作之戰已經告一段落，而各品牌之間的搏殺開始延展到產品範疇，聯想適時調整，打響了液晶電腦的第二次戰役。

（一）市場背景

聯想預見到，今后的一兩年內，市場增長必將趨緩，再加上計算與通信產品的多元化發展趨勢，如果廠商不能夠在產品方面別出機杼，那麼「契機」很快就會變成危機。

液晶顯示器的供貨形勢也發生了很大的變化。從2001年下半年開始，液晶顯示器的主要部件——液晶面板的價格一路上揚，液晶顯示器價格隨之一路攀升。這使得剛剛掀起的液晶顯示器熱潮有所降溫。

（二）時機選擇

液晶電腦市場正呈現出龍蛇混雜的「亂局」——聯想集團和幾個一線廠商堅持「產品高品質」的理念，在整機各個關鍵元件（尤其是液晶顯示器）上不惜工本。同時，一些中小個人電腦品牌的液晶顯示器機型則採取降低配置、縮減配件的手段搶占市場，這極有可能影響消費者的信心。

鑒於此，在暑期促銷前夕，聯想集團高層考察了韓國液晶顯示器市場，發現韓國液晶顯示器廠商正在大規模投產第五代生產線，其成品率、液晶屏性能和生產規模等問題，都在一定的程度上得到瞭解決。

再者，由於臺灣股市低迷，臺灣液晶顯示器生產廠商面臨巨大壓力，急於出貨的臺灣供應商紛紛「瞄準」聯想集團，聯想集團因此而可以相對低廉的原料價格獲得充裕的原料儲備。

聯想的判斷是：9月份，液晶顯示器在中國市場上的價格極有可能下調，而這將為液晶電腦的普及銷售創造最為有利的條件。

（三）市場策略

9月19日，聯想集團在毫無任何預兆的情況下，推出了一款標配15英吋超A級液晶顯示器的P4,2.0電腦，售價只有7999元，這令許多電腦廠商大感意外。

聯想推出的低價位液晶電腦，打破了消費者心理上的消費壁壘，給想買液晶電腦的消費者下了一場及時雨，必然會促進液晶電腦的全面熱銷，掀動新一輪的「液晶普及潮」。聯想集團此舉意味著各大廠商圍繞液晶電腦的競爭已由「動作戰」過渡到了「產品戰」。

（四）實施效果

聯想集團所主導的「液晶風暴」打響了第二場戰役，在這一戰役中，聯想集團作為中國個人電腦第一品牌的優勢展現無疑。

業界人士認為，聯想集團在此戰役中所表現出的「快速反應」能力和「精確打擊」能力值得稱道。「快」體現在以迅雷不及掩耳之勢推廣產品，如果沒有強大的資金實力、暢達的渠道資源與一流的執行效率，想要在如此短促的時間內卷起如此壯闊的市場狂瀾，那是不可想像的。「準」是聯想的另一優勢，8000元以下的「極速液晶」精確無比地切中了消費者的需求要害以及競爭對手的「軟肋」。

聯想集團開啓了液晶電腦平民化時代。液晶顯示器漸成為家用個人電腦市場的主流。

三、2003年應用之戰

2003年上半年，中國臺式個人電腦市場上，品牌之間的競爭開始圍繞產品升級、數碼應用和服務創新三大核心展開。

（一）市場背景

2003年中國個人電腦市場的品牌格局一是國內品牌電腦引領家庭消費市場；二是地方中小品牌發展迅速，在穩固本地市場的基礎上展開渠道擴張，意欲從地方品牌過渡到全國性品牌。

從技術和產品的角度看，在聯想集團和廣大同行的努力下，2002年液晶產品的用戶教育已基本完成，更多的用戶開始把目光投註在能夠為其帶來更舒適體驗的大屏幕液晶顯示器上。

2003年數碼主流化和個人電腦家電化也就成為了各大個人電腦品牌推廣其產品時的主題——家用個人電腦成為控制平臺、信息終端和娛樂中樞已是大勢所趨。

（二）時機選擇

由於17英吋液晶面板能夠為生產者提供更高的利潤，因此臺灣地區的一些企業和韓國的一些企業紛紛提升17英吋液晶顯示器的產能，此消彼長之下，2003年中國個人電腦配件市場曾一度出現17英吋液晶顯示器降價、15英吋液晶顯示器漲價的「怪現象」。

目前，17英吋液晶顯示器的市場價格多在3000~5000元不等，市場上甚至出現了售價低於3000元的產品。這意味著，17英吋液晶顯示器有可能提前成為這一領域的主流產品。

（三）市場策略

2003年9月，聯想集團打響了液晶風暴的第3次戰役。將17英吋液晶顯示器+P4主流配置的家用個人電腦降至7999元的消費者心理價位。

之所以把17英吋液晶顯示器作為攻占市場的利器，是因為17英吋純平陰極射線管（Cathode Ray Tube，CRT）顯示器占據了最大的市場份額，在市場上單買一臺17英吋液晶顯示器需要3000~5000元，基本相當於一臺個人電腦整機價格的一半。聯想集團再度拉低大屏幕液晶顯示器的整體價位，這表明聯想集團希望以17英吋液晶激起更多消費者的潛在需求，引導消費者積極開掘液晶電腦的應用類型（包含數碼應用），並由此開始新一輪的「做餅運動」。

17英吋液晶顯示器價格瓶頸被打破，同時也標誌著在軟、硬件都已經趨於完美的情況下，數碼應用體驗的最后一個瓶頸——顯示瓶頸被徹底打破，並且可能就是數碼應用普及的第二次高峰，這將帶來個人電腦幾何級數增長，並使個人電腦廠商迎來數碼應用普及的第二次高峰。

四、點評：「舍」目的是為了「得」

聯想集團此次推出的這款售價為7999元的液晶屏電腦，利潤絕對要低於聯想電腦的平均利潤水平，加上各種市場費用和對經銷商的激勵措施，基本是在微利銷售。可以看到，聯想集團2001年和2002年的「液晶大戰」，利潤狀況也同樣如此。

之所以這樣做，聯想集團的目的是想開拓市場，盡快把市場做熱。在看準方向後，

暫時放棄一部分利潤，以大手筆的投入來進行市場開拓。這往往是領導廠商的風範：引導市場而不追隨市場潮流。

聯想集團的產品占據著國內家用電腦市場超過30%的份額，聯想集團的舉動對其他廠家的影響不可估量。聯想集團希望通過自己的行為能讓競爭對手迅速跟進，共同把「餅」做大。如果市場增長10%，聯想集團就可拿到4%，這是聯想集團一直堅持的「將餅做大」理論的最好體現。

實際上，有時候與競爭對手一起把市場做大，並適時地放棄一部分利潤並不失為一種戰略選擇，最重要的是能夠準確地分析市場形勢，畢竟「舍」的目的是為了「得」。

（資料來源：吳曉燕．用價格槓桿撬動市場——聯想開拓液晶市場三大戰役營銷案例［N］．中國經營報，2003-09-22）

案例思考：

（1）聯想集團開拓液晶市場採用了什麼價格策略？
（2）聯想集團開拓液晶市場三大戰役的價格策略怎樣隨著形勢變化？
（3）聯想集團開拓液晶市場的價格策略帶來什麼市場反應？
（4）市場上其他競爭對手對聯想集團開拓液晶市場的價格策略有什麼反應？

模塊 B　基礎理論概要

一、定價策略的內涵

定價策略是指企業通過對顧客需求的估量和成本分析，選擇一種能吸引顧客、實現市場營銷組合的策略。定價策略就是根據購買者各自不同的支付能力和效用情況，結合產品進行定價，從而實現最大利潤的定價辦法。定價策略的確定一定要以科學的研究為依據，以實踐經驗判斷為手段，在維護生產者和消費者雙方經濟利益的前提下，以消費者可以接受的水平為基準，根據市場變化情況，靈活反應，買賣雙方共同決策。

二、影響定價的因素

（一）定價目標

1. 維持企業生存

當由於生產能力過剩或市場競爭激烈或顧客需求發生變化，導致企業產品積壓、資金週轉困難，影響到企業生存，企業應該為其產品制定較低的價格，以減少庫存產品，收回變動成本和一部分固定成本，使企業得以繼續生存下去。這時，生存比獲取利潤更重要。

2. 當期利潤最大化

企業根據產品的需求函數和成本函數，選擇一種價格，使之能產生最大的當期利

潤、現金流量或投資報酬率。企業沒有考慮長期效益、競爭者的情況等方面。

3. 市場佔有率最大化

市場佔有率最大化的條件是市場對價格高度敏感，低價能刺激需求迅速增長；生產與分銷的單位成本會隨生產經驗累積下降；低價能嚇阻現有的和潛在的競爭對手。當滿足以上條件時，企業會為產品制定較低的有吸引力和競爭力的價格，以最快的速度進行市場滲透，以達到維持和提高市場佔有率的目標。當初，「富士」和「柯達」膠卷在中國市場的定價就是以提高市場佔有率為目標。

4. 產品質量最優化

企業這時會為產品制定較高的價格，以補償為保持產品的高質量所發生的較高的生產成本和研究開發費用。

（二）產品成本

成本是產品定價的下限。從長期來看，任何產品的價格都應高於所發生的成本費用，在生產經營過程中發生的耗費才能從銷售收入中得到補償，企業才能獲得利潤，生產經營活動才能得以繼續進行。

企業的成本可分為兩類：一類是固定成本，包括固定資產折舊、廠房設備的租金、利息、企業管理當局的管理費用等；另一類是變動成本，包括原材料、生產工人和車間管理人員的工資等。

（三）市場需求

市場需求是影響企業定價的重要因素。當產品價格高於某一水平時，將無人購買，因此市場需求決定了產品價格的上限。一般來說，市場需求隨著產品價格的上升而減少，隨著產品價格的下降而增加。需求曲線是一條從左上方向右下方傾斜的曲線。但是，也有一些產品的需求和價格之間呈同方向變化的關係，如能代表一定社會地位和身分的裝飾品及有價值的收藏品等。

（四）競爭者產品和價格

除了掌握產品的需求和成本的情況，企業還必須瞭解市場供給的情況，即瞭解企業的競爭對手。認真調查、分析競爭對手的生產成本、產品價格和產品特色等，同時還應該瞭解、分析競爭產品的非價格因素，如品牌、商譽和服務等。企業只有在充分掌握了競爭對手的產品和價格情況後，才可以將競爭對手的產品價格作為自己產品的定價基礎。也應該考慮到，當自己的產品價格公之於眾之後，競爭對手的產品價格也將會隨之而動。企業應該有相應的對策及時做出反應。企業可以將競爭者的產品及其價格作為企業產品定價的參考。如果企業的產品和競爭者的同種產品質量差不多，那麼兩者的價格也應大體一樣；如果企業的產品不如競爭者的產品，那麼價格就應定低些；如果企業的產品優於競爭者的產品，那麼價格就可以定高些。

寶潔公司在 1988 年打入中國洗滌用品市場成立合資企業廣州寶潔有限公司時，分析了市場上競爭者產品的情況：中國國產產品質量差、包裝簡陋、缺乏個性，但價格低廉；進口產品質量雖好，但價格昂貴，很少有人問津。因此，寶潔公司將合資品牌

定在高價位上，價格是國內品牌的3~5倍，但比進口品牌便宜1~2元。這種競爭性的價格定位使廣州寶潔這一合資品牌在中國洗滌用品市場上佔有了很大份額，取得了很好的經濟效益。

（五）法律政策

在中國，定價還要受《中華人民共和國價格法》《中華人民共和國反不正當競爭法》《明碼標價法》《制止牟取暴利的暫行規定》《價格違反行為行政處罰規定》《關於制止低價傾銷行為的規定》等相關法律法規的限制。

三、定價方法

定價方法是企業在特定的定價目標指導下，依據對成本、需求及競爭等狀況的研究，運用價格決策理論，對產品價格進行計算的具體方法。定價方法主要包括成本導向、競爭導向和顧客導向三種類型。

（一）成本導向定價法

以產品單位成本為基本依據，再加上預期利潤來確定價格的成本導向定價法，是中外企業最常用、最基本的定價方法。成本導向定價法又衍生出了總成本加成定價法、目標收益定價法、邊際成本定價法、盈虧平衡定價法等幾種具體的定價方法。

1. 總成本加成定價法

在這種定價方法下，把所有為生產某種產品而發生的耗費均計入成本的範圍，計算單位產品的變動成本，合理分攤相應的固定成本，再按一定的目標利潤率來決定價格。

2. 目標收益定價法

目標收益定價法又稱投資收益率定價法，是根據企業的投資總額、預期銷量和投資回收期等因素來確定價格。

3. 邊際成本定價法

邊際成本是指每增加或減少單位產品所引起的總成本變化量。由於邊際成本與變動成本比較接近，而變動成本的計算更容易一些，所以在定價實務中多用變動成本替代邊際成本，而將邊際成本定價法稱為變動成本定價法。

4. 盈虧平衡定價法

在銷量既定的條件下，企業產品價格必須達到一定的水平才能做到盈虧平衡、收支相抵。既定的銷量就稱為盈虧平衡點，這種制定價格的方法就稱為盈虧平衡定價法。科學地預測銷量和已知固定成本、變動成本是盈虧平衡定價的前提。

（二）競爭導向定價法

在競爭十分激烈的市場上，企業通過研究競爭對手的生產條件、服務狀況、價格水平等因素，依據自身的競爭實力，參考成本和供求狀況來確定商品價格。這種定價方法就是通常所說的競爭導向定價法。競爭導向定價主要包括以下幾種方法：

1. 隨行就市定價法

在壟斷競爭和完全競爭的市場結構條件下，任何一家企業都無法憑藉自己的實力而在市場上取得絕對的優勢，為了避免競爭特別是價格競爭帶來的損失，大多數企業都採用隨行就市定價法，即將本企業某產品價格保持在市場平均價格水平上，利用這樣的價格來獲得平均報酬。此外，採用隨行就市定價法，企業就不必去全面瞭解消費者對不同價差的反應，也不會引起價格波動。

2. 產品差別定價法

產品差別定價法是指企業通過不同的營銷手段，使同種同質的產品在消費者心目中樹立起不同的產品形象，進而根據自身特點，選取低於或高於競爭者的價格作為本企業產品價格。因此，產品差別定價法是一種進攻性的定價方法。

3. 密封投標定價法

在國內外，許多大宗商品、原材料、成套設備和建築工程項目的買賣和承包以及出售小型企業等，往往採用發包人招標、承包人投標的方式來選擇承包者，確定最終承包價格。一般來說，招標方只有一個，處於相對壟斷地位，而投標方有多個，處於相互競爭地位。標的物的價格由參與投標的各個企業在相互獨立的條件下來確定。在買方招標的所有投標者中，報價最低的投標者通常中標，它的報價就是承包價格。這樣一種競爭性的定價方法就稱密封投標定價法。

(三) 顧客導向定價法

現代市場營銷觀念要求企業的一切生產經營必須以消費者需求為中心，並在產品、價格、分銷和促銷等方面予以充分體現。根據市場需求狀況和消費者對產品的感覺差異來確定價格的方法叫做顧客導向定價法，又稱市場導向定價法、需求導向定價法。需求導向定價法主要包括理解價值定價法、需求差異定價法和逆向定價法。

1. 理解價值定價法

所謂理解價值，是指消費者對某種商品價值的主觀評判。理解價值定價法是指企業以消費者對商品價值的理解度為定價依據，運用各種營銷策略和手段，影響消費者對商品價值的認知，形成對企業有利的價值觀念，再根據商品在消費者心目中的價值來制定價格。

2. 需求差異定價法

所謂需求差異定價法，是指產品價格的確定以需求為依據，首先強調適應消費者需求的不同特性，而將成本補償放在次要的地位。這種定價方法，對同一商品在同一市場上制定兩個或兩個以上的價格，或使不同商品價格之間的差額大於其成本之間的差額。其好處是可以使企業定價最大限度地符合市場需求，促進商品銷售，有利於企業獲取最佳的經濟效益。

3. 逆向定價法

這種定價方法主要不是考慮產品成本，而重點考慮需求狀況。依據消費者能夠接受的最終銷售價格，逆向推算出中間商的批發價和生產企業的出廠價格。逆向定價法的特點是價格能反應市場需求情況，有利於加強與中間商的良好關係，保證中間商的

正常利潤，使產品迅速向市場滲透，並可根據市場供求情況及時調整，定價比較靈活。

（四）各種定價方法的運用

企業定價方法很多，企業應根據不同的經營戰略和價格策略、不同市場環境和經濟發展狀況等，選擇不同的定價方法。

從本質上說，成本導向定價法是一種賣方定價導向。它忽視了市場需求、競爭和價格水平的變化，有時候與定價目標相脫節。此外，運用這一方法制定的價格均是建立在對銷量主觀預測的基礎上，從而降低了價格制定的科學性。因此，在採用成本導向定價法時，還需要充分考慮需求和競爭狀況，來確定最終的市場價格水平。

競爭導向定價法是以競爭者的價格為導向的。它的特點是價格與商品成本和需求不發生直接關係；商品成本或市場需求變化了，但競爭者的價格未變，就應維持原價，反之雖然成本或需求都沒有變動，但競爭者的價格變動了，則相應地調整其商品價格。當然，為實現企業的定價目標和總體經營戰略目標，謀求企業的生存或發展，企業可以在其他營銷手段的配合下，將價格定得高於或低於競爭者的價格，並不一定要求和競爭對手的產品價格完全保持一致。

顧客導向定價法是以市場需求為導向的定價方法，價格隨市場需求的變化而變化，不與成本因素發生直接關係，符合現代市場營銷觀念要求，企業的一切生產經營以消費者需求為中心。

四、定價策略

（一）新產品定價

1. 有專利保護的新產品的定價

有專利保護的新產品的定價可採用撇脂定價法和滲透定價法。

（1）撇脂定價法。新產品上市之初，將價格定得較高，在短期內獲取厚利，盡快收回投資。就像從牛奶中撇取所含的奶油一樣，取其精華，故稱之為撇脂定價法。

這種方法適合需求彈性較小的細分市場，其優點在於：一是新產品上市，顧客對其無理性認識，利用較高價格可以提高身價，適應顧客求新心理，有助於開拓市場；二是主動性大，產品進入成熟期後，價格可分階段逐步下降，有利於吸引新的購買者；三是價格高，限制需求量過於迅速增加，使其與生產能力相適應。撇脂定價法的缺點在於：獲利大，不利於擴大市場，並很快招來競爭者，會迫使價格下降，好景不長。

（2）滲透定價法。在新產品投放市場時，價格定得盡可能低一些，其目的是獲得最高銷售量和最大市場佔有率。

當新產品沒有顯著特色，競爭激烈，需求彈性較大時宜採用滲透定價法。滲透定價法的優點在於：產品能迅速為市場所接受，打開銷路，增加產量，使成本隨生產發展而下降；低價薄利，使競爭者望而卻步，減緩競爭，獲得一定的市場優勢。

對於企業來說，採取撇脂定價還是滲透定價，需要綜合考慮市場需求、競爭、供給、市場潛力、價格彈性、產品特性、企業發展戰略等因素。

2. 仿製品的定價

仿製品是企業模仿國內外市場上的暢銷貨而生產出的新產品。仿製品面臨著產品定位問題，就新產品質量和價格而言，有九種可供選擇的戰略：優質優價、優質中價、優質低價、中質高價、中質中價、中質低價、低質高價、低質中價、低質低價。

（二）心理定價

心理定價是根據消費者的消費心理定價，主要有以下幾種方法：

1. 尾數定價或整數定價

許多商品的價格，寧可定為 0.98 元或 0.99 元，而不定為 1 元，是適應消費者購買心理的一種取捨，尾數定價使消費者產生一種「價廉」的錯覺，比定為 1 元反應積極，促進銷售。相反，有的商品不定價為 9.8 元，而定為 10 元，同樣使消費者產生一種錯覺，迎合消費者「便宜無好貨，好貨不便宜」的心理。

2. 聲望性定價

此種定價法有兩個目的：一是提高產品的形象，以價格說明其名貴名優；二是滿足購買者的地位慾望，適應購買者的消費心理。

3. 習慣性定價

某種商品，由於同類產品多，在市場上形成了一種習慣價格，個別生產者難以改變。降價易引起消費者對品質的懷疑，漲價則可能受到消費者的抵制。

（三）折扣定價

大多數企業通常都酌情調整其基本價格，以鼓勵顧客及早付清貨款、大量購買或增加淡季購買。這種價格調整叫做價格折扣和折讓。

1. 現金折扣

現金折扣是對及時付清帳款的購買者的一種價格折扣。例如，「2/10 淨 30」表示付款期是 30 天，如果在成交后 10 天內付款，給予 2% 的現金折扣。許多行業習慣採用此法以加速資金週轉，減少收帳費用和壞帳。

2. 數量折扣

數量折扣是企業給那些大量購買某種產品的顧客的一種折扣，以鼓勵顧客購買更多的貨物。大量購買能使企業降低生產、銷售等環節的成本費用。例如，顧客購買某種商品 100 單位以下，每單位 10 元；購買 100 單位以上，每單位 9 元。

3. 職能折扣

職能折扣也叫貿易折扣，是製造商給予中間商的一種額外折扣，使中間商可以獲得低於目錄價格的價格。

4. 季節折扣

季節折扣是企業鼓勵顧客淡季購買的一種減讓，使企業的生產和銷售一年四季能保持相對穩定。

5. 推廣津貼

為擴大產品銷路，生產企業向中間商提供促銷津貼。例如，零售商為企業產品刊登廣告或設立櫥窗，生產企業除負擔部分廣告費外，還在產品價格上給予一定優惠。

（四）歧視（差別）定價

　　企業往往根據不同顧客、不同時間和場所來調整產品價格，實行差別定價，即對同一產品或勞務定出兩種或多種價格，但這種差別不反應成本變化。主要有以下幾種形式：

　　一是對不同顧客群定不同的價格；

　　二是不同的花色品種、式樣定不同的價格；

　　三是不同的部位定不同的價格；

　　四是不同時間定不同的價格。

　　實行歧視定價的前提條件是：市場必須是可細分的且各個細分市場的需求強度是不同的；商品不可能轉手倒賣；高價市場上不可能有競爭者削價競銷；不違法；不引起顧客反感。

五、競爭性調價

　　企業在產品價格確定后，由於客觀環境和市場情況的變化，往往會對價格進行修改和調整。

（一）主動調整價格

1. 降價

企業在以下情況需考慮降價：

（1）企業生產能力過剩、產量過多，庫存積壓嚴重，市場供過於求，企業以降價來刺激市場需求；

（2）面對競爭者的「削價戰」，企業不降價將會失去顧客或減少市場份額；

（3）生產成本下降，科技進步，勞動生產率不斷提高，生產成本逐步下降，其市場價格也應下降。

2. 提價

提價一般會遭到消費者和經銷商反對，但在以下情況不得不提高價格：

（1）通貨膨脹。如果物價普遍上漲，企業生產成本必然增加，企業為保證利潤不得不提價。

（2）產品供不應求。一方面，買方之間展開激烈競爭，爭奪貨源，為企業創造有利條件；另一方面，也可以抑制需求過快增長，保持供求平衡。

（二）購買者的反應

1. 顧客對降價可能有以下看法：

（1）產品樣式老了，將被新產品代替；

（2）產品有缺點，銷售不暢；

（3）企業財務困難，難以繼續經營；

（4）價格還要進一步下跌；

（5）產品質量下降了。

2. 顧客對提價可能有以下看法：

(1) 產品很暢銷，不盡快買就買不到了；

(2) 產品很有價值；

(3) 賣主想賺取更多利潤。

購買者對價值不同的產品價格的反應也有所不同，對於價值高、經常購買的產品的價格變動較為敏感；對於價值低、不經常購買的產品，即使單位價格高，購買者也不大在意。此外，購買者通常更關心取得、使用和維修產品的總費用，因此賣方可以把產品的價格定得比競爭者高，取得較多利潤。

(三) 競爭者的反應

競爭者對調價的反應有以下幾種類型：

1. 相向式反應

你漲價，他也漲價；你降價，他也降價。這樣一致的行為對企業影響不太大，不會導致產生嚴重后果。企業堅持合理營銷策略，不會失掉市場和減少市場份額。

2. 逆向式反應

你提價，他降價或維持原價不變；你降價，他提價或維持原價不變。這種相互衝突的行為，影響很嚴重，競爭者的目的也十分清楚，就是乘機爭奪市場。對此，企業要進行調查分析，首先摸清競爭者的具體目的，其次要估計競爭者的實力，最后要瞭解市場的競爭格局。

3. 交叉式反應

眾多競爭者對企業調價反應不一，有相向的，有逆向的，有不變的，情況錯綜複雜。企業在不得不進行價格調整時應注意提高產品質量，加強廣告宣傳，保持分銷渠道暢通等。

(四) 企業的反應

在同質產品市場，如果競爭者降價，企業必隨之降價，否則企業會失去顧客。某一企業提價，其他企業隨之提價（如果提價對整個行業有利），但如有一個企業不提價，最先提價的企業和其他企業將不得不取消提價。

在異質產品市場，購買者不僅考慮產品價格高低，而且考慮質量、服務、可靠性等因素，因此購買者對較小價格差額無反應或不敏感，則企業對競爭者價格調整的反應有較多自由。

企業在做出反應時，先必須分析：競爭者調價的目的是什麼？調價是暫時的，還是長期的？能否持久？企業面臨競爭者應權衡得失：是否應做出反應？如何反應？另外，還必須分析價格的需求彈性、產品成本和銷售量之間的關係等複雜問題。

企業要做出迅速反應，最好事先制定反應程序，到時按程序處理，提高反應的靈活性和有效性。

模塊 C　營銷技能實訓

實訓項目 1：觀念應用訓練——價格現象評析

1. 實訓目標
（1）通過訓練提升定價方法應用能力；
（2）通過能力訓練提升定價策略制定能力；
（3）通過能力訓練提升競爭性調價的策略和應對能力。
2. 實訓情景設置
（1）按模擬企業分組進行；
（2）每個企業模擬不同的市場定價情況；
（3）一個企業在模擬市場定價情況時，由其他企業模擬競爭者的反應。
3. 實訓內容

　　有的人對市場營銷中的定價策略有好多不同意見：原價 20 元，現價 19.80 元，銷量就會大幅增加，這是自作聰明；原價 70 元，提高至 100 元，限量打 7 折銷售，買的人就多，這是詐欺；超市 4 元 1 瓶的啤酒，酒吧要賣 20 元 1 瓶，這簡直是暴利；原價 300 元的皮衣，無人問津，標價 3000 元，卻搶購一空，這是消費者太蠢；1999 年 2 月 19 日，突然降溫造成峨眉山遊客被困，個別商家 1 包方便面銷售 30 元，租一件軍大衣 150 元；2003 年「非典」期間，一瓶原價 4 元的普通消毒液，20 元才能買到，商家認為，這是物以稀為貴，遵循的是價值規律。

　　各模擬企業經過團體分析研究後，派出 1 位代表解釋造成這些現象的原因；並另外派出兩位代表，發表本公司在營銷活動中將如何處理好定價策略和營銷道德、誠信和價值規律的關係的言論。

　　（資料來源：張衛東. 市場營銷理論與實踐［M］. 北京：電子工業出版社，2011）

4. 實訓過程與步驟
（1）每個企業受領實訓任務；
（2）必要的理論引導和疑難解答；
（3）即時的現場控製；
（4）任務完成時的實訓績效評價。

5. 實訓績效

實訓報告

第_____次市場營銷實訓

實訓項目：_____

實訓名稱：_____

實訓導師姓名：_____；職稱（位）：_____；單位：校內□ 校外□

實訓學生姓名：_____；專業：_____；班級：_____

實訓學期：_____；實訓時間：_____；實訓地點：_____

實訓測評：

評價項目	教師評價	得分	學生自評	得分
任務理解（20分）				
情景設置（20分）				
操作步驟（20分）				
任務完成（20分）				
訓練總結（20分）				

教師評價得分：_____　　學生自評得分：_____　　綜合評價得分：_____

實訓總結：

獲得的經驗：_____

存在的問題：_____

提出的建議：_____

實訓項目2：方案策劃訓練——投標說明書設計訓練

1. 實訓目標

（1）能認識並實現組織分工與團隊合作；

（2）能撰寫出符合格式要求的投標說明書；

（3）能整理總結出投標說明書設計課題分析報告；

（4）能清晰地口頭表達出投標說明書設計實訓心得。

2. 實訓情景設置

（1）按模擬企業分組進行；

（2）每個企業模擬不同的市場定價情況；

（3）一個企業在模擬市場定價情況時，由其他企業模擬競爭者的反應。

3. 實訓內容

GL美妝用品有限公司在《長江日報》上閱讀到一則有關長江集團公司採購美妝用品的招標公告。結合公司現有的實力與條件，公司決定投標長江集團公司美妝用品的

採購項目。請根據長江集團公司美妝用品採購招標公告資料以及企業的經營狀況，製作一份 GL 公司美妝用品的投標書。

長江集團公司採購美妝用品招標公告

　　長江集團公司擬採購一批美妝用品，現就該次採購項目進行國內公開招標，歡迎國內合格的供應商前來投標。

　　1. 招標編號：CJMZ-20130012

　　2. 招標貨物名稱及數量

　　（1）洗面奶：2000 箱，每箱 20 瓶，規格 200 毫升

　　（2）潤膚霜：2000 箱，每箱 20 瓶，規格 200 毫升

　　3. 售標書日期：2013 年 6 月 20 日 9：00-11：30

　　　　售標書地址：長江集團公司辦公大樓三層辦公室

　　4. 投標日期：2013 年 6 月 25 日 9：00-11：30

　　　　投標地址：長江集團公司辦公大樓三層辦公室

　　5. 開標日期：2013 年 6 月 26 日 9：00-11：30

　　　　開標地址：長江集團公司辦公大樓三層辦公室

　　6. 聯繫人：李一鳴

　　　　聯繫電話：027-28866766　　傳真電話：027-28866776

　　　　聯繫地址：武漢市長江大道　　郵政編碼：430082

（資料來源：羅紹明，等. 市場營銷實訓教程［M］. 北京：對外經濟貿易大學出版社，2010）

　　4. 實訓過程與步驟

　　（1）每個企業受領實訓任務；

　　（2）必要的理論引導和疑難解答；

　　（3）即時的現場控製；

　　（4）任務完成時的實訓績效評價。

5. 實訓績效

實訓報告

第_____次市場營銷實訓

實訓項目：_____
實訓名稱：_____
實訓導師姓名：_____；職稱（位）：_____；單位：校內□ 校外□
實訓學生姓名：_____；專業：_____；班級：_____
實訓學期：_____；實訓時間：_____；實訓地點：_____
實訓測評：

評價項目	教師評價	得分	學生自評	得分
任務理解（20分）				
情景設置（20分）				
操作步驟（20分）				
任務完成（20分）				
訓練總結（20分）				

教師評價得分：_____ 學生自評得分：_____ 綜合評價得分：_____

實訓總結：
獲得的經驗：_____

存在的問題：_____

提出的建議：_____

實訓項目3：情景模擬訓練——商品拍賣

1. 實訓目標
（1）通過訓練提升定價方法應用能力；
（2）通過能力訓練提升定價策略制定能力；
（3）通過能力訓練提升競爭性調價的策略和應對能力。

2. 實訓情景設置
（1）按模擬企業分組進行；
（2）每個企業模擬不同的市場定價情況；
（3）一個企業在模擬市場定價情況時，由其他企業模擬競爭者的反應。

3. 實訓內容

向全班同學徵集拍賣物品，每人2~3件；由各企業選派代表成立估價委員會，對徵集到的拍品進行評估並設定底價；估價委員會按照底價總值相等的原則，將拍品分成若干組；各企業選派代表抽籤確定本企業負責拍賣的物品，並分配給各企業與拍賣

物品底價總值相等（或上浮 20%）的資金額度，用於競買物品；各企業選派拍賣師面向全班同學拍賣本企業物品；拍賣結束后，計算各企業盈虧額度，決定勝負。

盈虧額度=（拍賣前拍品底價總值+資金額度）-（拍賣后拍品底價總值+資金額度）=拍賣物品余額（成交價-底價）-競買物品超額（成交價-底價）

游戲規則：競買人一經應價，不得撤回，當其他競買人有更高應價時，其競價即喪失約束力；競買人的最高應價經拍賣師落槌或以其他公開表示買定的方式確認后，拍賣成交；每次加價不得低於預先規定的加價幅度，否則叫價無效。

（資料來源：張衛東. 市場營銷理論與實踐［M］. 北京：電子工業出版社，2011）

4. 實訓過程與步驟

（1）每個企業受領實訓任務；
（2）必要的理論引導和疑難解答；
（3）即時的現場控製；
（4）任務完成時的實訓績效評價。

5. 實訓績效

_____實訓報告
第_____次市場營銷實訓

實訓項目：_____
實訓名稱：_____
實訓導師姓名：_____；職稱（位）：_____；單位：校內□ 校外□
實訓學生姓名：_____；專業：_____；班級：_____
實訓學期：_____；實訓時間：_____；實訓地點：_____
實訓測評：

評價項目	教師評價	得分	學生自評	得分
任務理解（20分）				
情景設置（20分）				
操作步驟（20分）				
任務完成（20分）				
訓練總結（20分）				

教師評價得分：_____ 學生自評得分：_____ 綜合評價得分：_____
實訓總結：
獲得的經驗：_____

存在的問題：_____

提出的建議：_____

第八章　分銷策略實訓

實訓目標：

(1) 深入理解和應用分銷渠道的內涵和類型。
(2) 深入理解和應用分銷渠道選擇的影響因素和原則。
(3) 深入理解和應用分銷策略制定。
(4) 深入理解和應用分銷渠道管理。

模塊 A　引入案例

娃哈哈：渠道的成功與困惑

杭州娃哈哈集團有限公司是目前中國最大的食品飲料生產企業，在全國 23 個省、市、區建有 60 多家合資控股、參股公司，在全國除臺灣地區外的所有省、自治區、直轄市均建立了銷售分支機構，擁有員工近 2 萬名，總資產達 66 億元。娃哈哈公司主要從事食品飲料的開發、生產和銷售，已形成年產飲料 600 萬噸的生產能力及與之相配套的制罐、制瓶、制蓋等輔助生產能力，主要生產含乳飲料、瓶裝水、碳酸飲料、茶飲料、果汁飲料、罐頭食品、醫藥保健七大類 50 多個品種的產品。2003 年，娃哈哈公司營業收入突破 100 億元大關，成為全球第五大飲料生產企業，僅次於可口可樂、百事可樂、吉百利、柯特 4 家跨國公司。自 1998 年以來，娃哈哈公司在資產規模、產量、銷售收入、利潤、利稅等指標上一直位居中國飲料行業首位。

娃哈哈公司的產品並沒有很高的技術含量，其市場業績的取得和它對渠道的有效管理密不可分。娃哈哈公司在 31 個省市選擇了 1000 多家能控制一方的經銷商，組成了幾乎覆蓋中國每一個鄉鎮的聯合銷售體系，形成了強大的銷售網絡。娃哈哈公司非常注重對經銷商的促銷努力，娃哈哈公司會根據一定階段內的市場變動、競爭對手的行為以及自身產品的配備而推出各種各樣的促銷政策。針對經銷商的促銷政策，既可以激發其積極性，又保證了各層銷售商的利潤，因而可以做到促進銷售而不擾亂整個市場的價格體系。娃哈哈公司對經銷商的激勵採取的是返利激勵和間接激勵相結合的全面激勵制度。娃哈哈公司通過幫助經銷商進行銷售管理，提高銷售效率來激發經銷商的積極性。娃哈哈公司各區域分公司都有專業人員指導經銷商，參與具體銷售工作；各分公司派人幫助經銷商管理鋪貨、理貨以及廣告促銷等業務。

娃哈哈公司的經銷商分佈在 31 個省、市、區，為了對其行為實行有效控制，娃哈

哈公司採取了保證金的形式，要求經銷商先交預付款，對於按時結清貨款的經銷商，娃哈哈公司償還保證金並支付高於銀行同期存款利率的利息。娃哈哈公司總裁宗慶后認為：「經銷商先交預付款的意義是次要的，更重要的是維護一種廠商之間獨特的信用關係。我們要經銷商先付款再發貨，但我給他利息，讓他的利益不受損失，每年還返利給他們。這樣，我的流動資金十分充裕，沒有壞帳，雙方都得了利，實現了雙贏。娃哈哈的聯銷體以資金實力、經營能力為保證，以互信互助為前提，以共同受益為目標指向，具有持久的市場滲透力和控製力，並能大大激發經銷商的積極性和責任感。」

為了從價格體系上控製竄貨，娃哈哈公司實行級差價格體系管理制度。根據區域的不同情況，制定總經銷價、一批價、二批價、三批價和零售價，使每一層次、每一環節的渠道成員都取得相應的利潤，保證了有序的利益分配。

同時，娃哈哈公司與經銷商簽訂的合同中嚴格限定了銷售區域，將經銷商的銷售活動限制在公司根據市場細分戰略劃定的市場區域範圍之內。娃哈哈公司發往每個細分區域市場的產品都在包裝上打上編號，編號和出廠日期印在一起，根本不能被撕掉或更改，借以準確監控產品去向。娃哈哈公司專門成立了一個反竄貨機構，全國巡迴嚴厲稽查，保護各地經銷商的利益。娃哈哈公司的反竄貨人員經常巡察各地市場，一旦發現問題馬上會同企業相關部門及時解決。娃哈哈公司總裁宗慶后及各地的營銷經理也時常到市場檢查，一旦發現產品編號與地區不符，便嚴令徹底追查，同時按合同條款嚴肅處理。娃哈哈公司獎罰制度嚴明，一旦發現跨區銷售行為將扣除經銷商的保證金以支付違約損失，情節嚴重的將取消其經銷資格。

娃哈哈公司系統、全面、科學的激勵和獎懲嚴明的渠道政策有效地管理了全國上千家經銷商的銷售行為，為全國範圍內龐大渠道網絡的正常運轉提供了保證。憑藉其「蛛網」般的渠道網絡，娃哈哈公司的含乳飲料、瓶裝水、茶飲料銷售到了全國的各個角落。2004年2月，娃哈哈公司新產品「激活」誕生，3月初鋪貨上架，從大賣場、超市到娛樂場所、學校和其他一些傳統的批發零售渠道，「激活」出現在了它能夠出現的一切地方。娃哈哈公司將其渠道網絡優勢運用得淋灕盡致，確保了「激活」在迅速推出的同時盡快形成規模優勢。

面對可口可樂、百事可樂和康師傅、統一的全面進攻，娃哈哈公司大膽創新，嘗試大力開展銷售終端的啓動工作，從農村走入城市。娃哈哈公司總裁宗慶后認為，目前形勢下飲料企業的渠道思路主要有三種：一是可口可樂、百事可樂的直營思路，主要做終端；二是健力寶的批發市場模式；三就是娃哈哈公司的聯銷體思路。娃哈哈公司在品牌、資金方面不占優勢，關鍵就要揚長避短，盡可能地發揮自己的優勢，而抑制對方的長處。娃哈哈公司推出非常可樂，從上市之初就沒有正面與可口可樂、百事可樂展開競爭，而是瞄準了中西部市場和廣大農村市場，通過錯位競爭，借助於強大的營銷網絡佈局，把自己的非常可樂輸送到中國的每一個鄉村與角落地帶，利用「農村包圍城市」的戰略在中國碳酸飲料市場占據了一席之地。

有學者將娃哈哈公司的成功模式歸結為「三個一」即「一點，一網，一力」。「一點」指的是娃哈哈公司的廣告促銷點，「一網」指的是娃哈哈公司精心打造的銷售網，「一力」指的是經營經銷商的能力。「三個一」的運作流程是：首先通過強力廣告推新

產品，以廣告轟炸把市場衝開，形成銷售的預期；其次通過嚴格的價差體系做銷售網，通過明確的價差使經銷商獲得第一層利潤；最后常年推出各種各樣的促銷政策，將企業的一部分利潤通過日常促銷與年終返利讓渡給經營經銷商。但這種模式也存在著問題：當廣告越來越強調促銷的時候，產品就會變成「沒有文化」的功能產品，而不是像可口可樂那樣成為「文化產品」，結果會造成廣告與產品之間的剛性循環。廣告要越來越精確地找到「賣點」，產品要越來越多地突出功能，結果必然是廣告的量要越來越大，或者是產品的功能要出新意，才能保證銷量。

（資料來源：http://course.shufe.edu.cn/course/marketing/allanli/wahaha.htm）

案例思考：

（1）娃哈哈公司為了實現有效的渠道網絡管理採取了哪些措施？
（2）娃哈哈公司的渠道網絡管理取得了什麼樣的效果？
（3）你認為娃哈哈公司現有渠道模式的主要問題在什麼地方？
（4）娃哈哈公司現有渠道模式與同行相比有什麼差異和特色？
（5）娃哈哈公司應當如何完善其渠道建設？

模塊 B　基礎理論概要

一、渠道的內涵

菲利普·科特勒關於營銷渠道（Marketing Channel）的定義是：營銷渠道是指某種貨物或勞務從生產者向消費者移動時，取得這種貨物或勞務所有權或幫助轉移其所有權的所有企業或個人。簡單地說，營銷渠道就是商品和服務從生產者向消費者轉移過程的具體通道或路徑。

菲利普·科特勒關於分銷渠道（Distribution Channel）的定義是：一條分銷渠道是指某種貨物或勞務從生產者向消費者移動時取得這種貨物或勞務的所有權或幫助轉移其所有權的所有企業和個人。因此，一條分銷渠道主要包括商人中間商（因為他們取得所有權）和代理中間商（因為他們幫助轉移所有權）。此外，分銷渠道還包括作為分銷渠道的起點和終點的生產者和消費者，但是不包括供應商、輔助商等。

菲利普·科特勒認為，市場營銷渠道和分銷渠道是兩個不同的概念。一條市場營銷渠道是指那些配合起來生產、分銷和消費某一生產者的某些貨物或勞務的一整套所有企業和個人。這就是說，一條市場營銷渠道包括某種產品的供產銷過程中所有的企業和個人，如資源供應商（Suppliers）、生產者（Producer）、商人中間商（Merchant Middleman）、代理中間商（Agent Middleman）、輔助商（Facilitators）（如運輸企業、公共貨棧、廣告代理商、市場研究機構等）以及最后的消費者或用戶（Ultimate Consumer or Users）等。

二、分銷渠道結構

分銷渠道由五種流程構成，即實體流程、所有權流程、付款流程、信息流程及促銷流程。

（一）實體流程

實體流程是指實體原料及成品從製造商轉移到最終顧客的過程。

（二）所有權流程

所有權流程是指貨物所有權從一個市場營銷機構到另一個市場營銷機構的轉移過程。其一般流程為供應商→製造商→代理商→顧客。

（三）付款流程

付款流程是指貨款在各市場營銷中間機構之間的流動過程。

（四）信息流程

信息流程是指在市場營銷渠道中，各市場營銷中間機構相互傳遞信息的過程。

（五）促銷流程

促銷流程是指由一單位運用廣告、人員推銷、公共關係、促銷等活動對另一單位施加影響的過程。

三、分銷渠道類型

（一）直接渠道與間接渠道

按流通環節的多少可將分銷渠道劃分為直接渠道與間接渠道，間接渠道又分為短渠道與長渠道。直接渠道與間接渠道的區別在於有無中間商。

1. 直接渠道

直接渠道指生產企業不通過中間商環節，直接將產品銷售給消費者。直接渠道是工業品分銷的主要類型。例如，大型設備、專用工具及技術複雜需要提供專門服務的產品，都採用直接分銷。消費品中有部分商品也採用直接分銷類型，如鮮活商品等。

2. 間接渠道

間接渠道指生產企業通過中間商環節把產品傳送到消費者手中。間接分銷渠道是消費品分銷的主要類型，工業品中有許多產品如化妝品等都採用間接分銷類型。

（二）長短渠道

分銷渠道的長短一般是按通過流通環節的多少來劃分，具體包括以下四層：

1. 零級渠道

製造商→消費者。

2. 一級渠道（MRC）

製造商→零售商→消費者。

3. 二級渠道

製造商→批發商→零售商→消費者或者是製造商→代理商→零售商→消費者，多見於消費品分銷。

4. 三級渠道

製造商→代理商→批發商→零售商→消費者。

可見，零級渠道最短，三級渠道最長。

（三）寬窄渠道

渠道寬窄取決於在渠道的每個環節中使用同類型中間商數目的多少。企業使用的同類中間商多，產品在市場上的分銷面廣，稱為寬渠道。例如，一般的日用消費品（毛巾、牙刷、開水瓶等），由多家批發商經銷，又轉賣給更多的零售商，能大量接觸消費者，大批量地銷售產品。企業使用的同類中間商少，分銷渠道窄，稱為窄渠道，一般適用於專業性強的產品或貴重耐用的消費品，由一家中間商統包，幾家經銷。窄渠道使生產企業容易控製分銷，但市場分銷面受到限製。

（四）單渠道和多渠道

當企業全部產品都由自己直接所設門市部銷售或全部交給批發商經銷，稱之為單渠道。多渠道則可能是在本地採用直接渠道，在外地則採用間接渠道；在有些地區獨家經銷，在另一些地區多家分銷；對消費品市場用長渠道，對生產資料市場則採用短渠道。

渠道的寬度和長度如圖 8-1 所示：

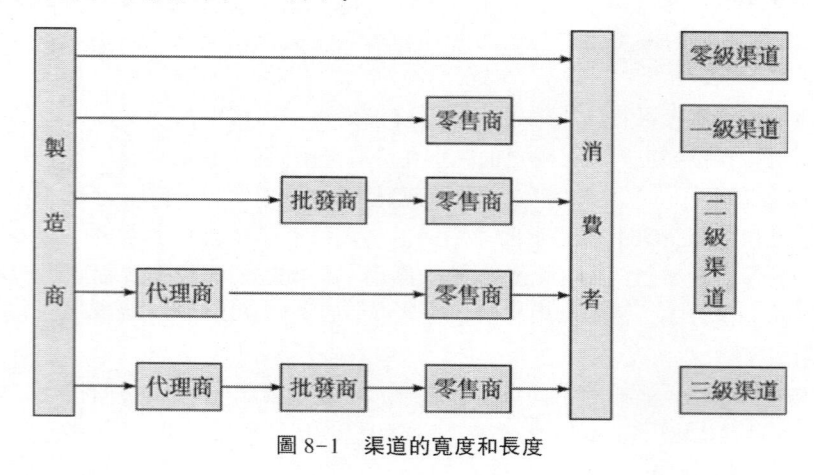

圖 8-1 渠道的寬度和長度

四、影響分銷渠道選擇的因素

影響分銷渠道選擇的因素很多。生產企業在選擇分銷渠道時，必須對下列幾方面的因素進行系統的分析和判斷，才能做出合理的選擇。

(一) 產品因素

1. 產品價格

一般來說，產品單價越高，越應注意減少流通環節，否則會造成銷售價格的提高，從而影響銷路，這對生產企業和消費者都不利。而單價較低、市場較廣的產品，則通常採用多環節的間接分銷渠道。

2. 產品的體積和重量

產品的體積大小和輕重，直接影響運輸和儲存等銷售費用，過重的或體積大的產品，應盡可能選擇最短的分銷渠道。小而輕且數量大的產品，則可考慮採取間接分銷渠道。

3. 產品的易毀性或易腐性

產品有效期短，儲存條件要求高或不易多次搬運的，應採取較短的分銷途徑，盡快送到消費者手中，如鮮活品、危險品。

4. 產品的技術性

有些產品具有很高的技術性，或需要經常的技術服務與維修，應以生產企業直接銷售給用戶為好，這樣可以保證向用戶提供及時良好的銷售技術服務。

5. 定製品和標準品

定製品一般由產需雙方直接商討規格、質量、式樣等技術條件，不宜經由中間商銷售。標準品具有明確的質量標準、規格和式樣，分銷渠道可長可短，有的用戶分散，宜由中間商間接銷售；有的則可按樣本或產品目錄直接銷售。

6. 新產品

為盡快把新產品投入市場，擴大銷路，生產企業一般重視組織自己的推銷隊伍，直接與消費者見面，推介新產品和收集用戶意見。如能取得與中間商的良好合作，也可考慮採用間接銷售形式。

(二) 市場因素

1. 購買批量大小

購買批量大，多採用直接銷售；購買批量小，除通過自設門市部出售外，多採用間接銷售。

2. 消費者的分佈

某些商品消費地區分佈比較集中，適合直接銷售；反之，則適合間接銷售。工業品銷售中，本地用戶產需聯繫方便，因而適合直接銷售；外地用戶較為分散，通過間接銷售較為合適。

3. 潛在顧客的數量

若消費者的潛在需求多，市場範圍大，需要中間商提供服務來滿足消費者的需求，宜選擇間接分銷渠道；若潛在需求少，市場範圍小，生產企業可直接銷售。

4. 消費者的購買習慣

有的消費者喜歡直接到企業買商品，有的消費者喜歡到商店買商品。因此，生產企業應既直接銷售，又間接銷售，滿足不同消費者的需求，也增加了產品的銷售量。

（三）生產企業本身的因素

1. 資金能力

企業本身資金實力雄厚，則可自由選擇分銷渠道，可建立自己的銷售網點，採用產銷合一的經營方式，也可以選擇間接分銷渠道。企業資金實力薄弱則必須依賴中間商進行銷售和提供服務，只能選擇間接分銷渠道。

2. 銷售能力

生產企業在銷售力量、儲存能力和銷售經驗等方面具備較好的條件，則應選擇直接分銷渠道；反之，則必須借助中間商，選擇間接分銷渠道。另外，企業如能和中間商進行良好的合作，或對中間商能進行有效地控製，則可選擇間接分銷渠道。若中間商不能很好的合作或不可靠，將影響產品的市場開拓和經濟效益，則不如進行直接銷售。

3. 可能提供的服務水平

中間商通常希望生產企業能盡多地提供廣告、展覽、修理、培訓等服務項目，為銷售產品創造條件。若生產企業無意或無力滿足這方面的要求，就難以達成協議，迫使生產企業自行銷售；反之，提供的服務水平高，中間商則樂於銷售該產品，生產企業則選擇間接分銷渠道。

4. 發貨限額

生產企業為了合理安排生產，會對某些產品規定發貨限額。發貨限額高，有利於直接銷售；發貨限額低，則有利於間接銷售。

（四）政策規定

企業選擇分銷渠道必須符合國家有關政策和法令的規定。某些按國家政策應嚴格管理的商品或計劃分配的商品，企業無權自銷和自行委託銷售；某些商品在完成國家指令性計劃任務后，企業可按規定比例自銷，如專賣制度（如菸）、專控商品（控製社會集團購買力的少數商品）。另外，稅收政策、價格政策、出口法規、商品檢驗規定等也都影響分銷途徑的選擇。

（五）經濟收益

不同分銷途徑經濟收益的大小也是影響選擇分銷渠道的一個重要因素。對於經濟收益的分析，主要考慮的是成本、利潤和銷售量三個方面的因素。具體分析如下：

1. 銷售費用

銷售費用是指產品在銷售過程中發生的費用，包括包裝費、運輸費、廣告宣傳費、陳列展覽費、銷售機構經費、代銷網點和代銷人員手續費、產品銷售后的服務支出等。一般情況下，減少流通環節可降低銷售費用，但減少流通環節的程度要綜合考慮，做到既節約銷售費用，又有利於生產發展和體現經濟合理的要求。

2. 價格分析

（1）在價格相同條件下，進行經濟效益的比較。通常，許多生產企業都以同一價格將產品銷售給中間商或最終消費者，若直接銷售量等於或小於間接銷售量時，由於

生產企業直接銷售時要多占用資金，增加銷售費用，所以間接銷售的經濟收益高，對企業有利；若直接銷售量大於間接銷售量，而且所增加的銷售利潤大於所增加的銷售費用，則選擇直接銷售有利。

（2）當價格不同時，進行經濟效益的比較。這種情況下主要考慮銷售量的影響，若銷售量相等，直接銷售多採用零售價格，價格高，但支付的銷售費用也多。間接銷售採用出廠價，價格低，但支付的銷售費用也少。究竟選擇什麼樣的分銷渠道可以通過計算兩種分銷渠道的盈虧臨界點作為選擇的依據。當銷售量大於盈虧臨界點的數量，選擇直接分銷渠道；反之，則選擇間接分銷渠道。在銷售量不同時，要分別計算直接分銷渠道和間接分銷渠道的利潤，並進行比較，一般選擇獲利的分銷渠道。

（六）中間商特性

各類各家中間商實力、特點不同，如廣告、運輸、儲存、信用、訓練人員、送貨頻率方面具有不同的特點，從而影響生產企業對分銷渠道的選擇。

1. 中間商的數目不同的影響

根據中間商的數目多少的不同，可選擇密集分銷、選擇性分銷、獨家分銷。

（1）密集式分銷指生產企業同時選擇較多的經銷代理商銷售產品。一般來說，日用品多採用這種分銷形式。工業品中的一般原材料、小工具、標準件等也可用此分銷形式。

（2）選擇性分銷指在同一目標市場上，選擇一個以上的中間商銷售企業產品，而不是選擇所有願意經銷本企業產品的所有中間商。這樣有利於提高企業經營效益。一般來說，消費品中的選購品、特殊品，工業品中的零配件宜採用此分銷形式。

（3）獨家分銷指企業在某一目標市場，在一定時間內，只選擇一個中間商銷售本企業的產品，雙方簽訂合同，規定中間商不得經營競爭者的產品，製造商則只對選定的經銷商供貨。一般來說，此分銷形式適用於消費品中的家用電器和工業品中的專用機械設備。這種形式有利於雙方協作，以便更好地控制市場。

2. 消費者的購買數量

如果消費者購買數量小、次數多，可採用長渠道；反之，如果消費者購買數量大、次數少，則可採用短渠道。

3. 競爭者狀況

當市場競爭不激烈時，可採用同競爭者類似的分銷渠道；反之，則採用與競爭者不同的分銷渠道。

五、分銷渠道選擇的原則

分銷渠道管理人員在選擇具體的分銷渠道模式時，無論出於何種考慮，從何處著手，一般都要遵循以下原則：

（一）暢通高效

這是渠道選擇的首要原則。任何正確的渠道決策都應符合物流暢通、經濟高效的要求。商品的流通時間、流通速度、流通費用是衡量分銷效率的重要標誌。暢通的分

銷渠道應以消費者需求為導向，將產品盡快、盡好、盡早地通過最短的路線，以盡可能優惠的價格送達消費者方便購買的地點。暢通高效的分銷渠道模式不僅要讓消費者在適當的地點、時間以合理的價格買到滿意的商品，而且應努力提高企業的分銷效率，爭取降低分銷費用，以盡可能低的分銷成本，獲得最大的經濟效益，贏得競爭的時間和價格優勢。

（二）覆蓋適度

企業在選擇分銷渠道模式時，僅僅考慮加快速度、降低費用是不夠的。還應考慮及時準確地送達的商品能不能銷售出去，是否有較高的市場佔有率足以覆蓋目標市場。因此，不能一味強調降低分銷成本，這樣可能導致銷售量下降、市場覆蓋率不足的后果。成本的降低應是規模效應和速度效應的結果。在分銷渠道模式的選擇中，也應避免擴張過度、分佈範圍過廣，以免造成溝通和服務的困難，導致無法控製和管理目標市場。

（三）穩定可控

企業的分銷渠道模式一經確定，便需花費相當大的人力、物力、財力去建立和鞏固，整個過程往往是複雜而緩慢的。因此，企業一般輕易不會更換渠道成員，更不會隨意轉換渠道模式。只有保持渠道的相對穩定，才能進一步提高渠道的效益。暢通有序、覆蓋適度是分銷渠道穩固的基礎。

由於影響分銷渠道的各個因素總是在不斷變化，一些原來固有的分銷渠道難免會出現某些不合理的問題，這時就需要分銷渠道具有一定的調整功能，以適應市場的新情況、新變化，保持渠道的適應力和生命力。調整時應綜合考慮各個因素的協調，使渠道始終都在可控製的範圍內保持基本的穩定狀態。

（四）協調平衡

企業在選擇、管理分銷渠道時，不能只追求自身的效益最大化而忽略其他渠道成員的局部利益，應合理分配各個成員間的利益。

渠道成員之間的合作、衝突、競爭的關係，要求渠道的領導者對此有一定的控製能力——統一、協調、有效地引導渠道成員充分合作，鼓勵渠道成員之間有益的競爭，減少衝突發生的可能性，解決矛盾，確保總體目標的實現。

（五）發揮優勢

企業在選擇分銷渠道模式時為了爭取在競爭中處於優勢地位，要注意發揮自己各個方面的優勢，將分銷渠道模式的設計與企業的產品策略、價格策略、促銷策略結合起來，增強營銷組合的整體優勢。

六、分銷策略

企業根據終端銷售點密度決策的任務，根據自身和市場環境的現狀和變化趨勢，可採取不同的密度方案。

（一）密集分銷策略

在密集分銷中，凡是符合生產商的最低信用標準的渠道成員都可以參與其產品或服務的分銷。密集分銷意味著渠道成員之間的激烈競爭和很高的產品市場覆蓋率。密集式分銷最適用於便利品。密集分銷通過最大限度地便利消費者而推動銷售的提升。採用這種策略有利於廣泛占領市場，便利購買，及時銷售產品。而其不足之處是在密集分銷中能夠提供服務的經銷商數目總是有限的。生產商有時得對經銷商的培訓、分銷支持系統、交易溝通網絡等進行評價以便及時發現其中的障礙。而在某一市場區域內，經銷商之間的競爭會造成銷售努力的浪費。由於密集分銷加劇了經銷商之間的競爭，經銷商們對生產商的忠誠度便降低了，價格競爭激烈了，而且經銷商也不再願意更好地接待客戶了。

（二）選擇分銷策略

選擇分銷策略是指生產企業在特定的市場選擇一部分中間商來推銷本企業的產品。採用這種策略，生產企業不必花太多的精力聯繫為數眾多的中間商，而且便於與中間商建立良好的合作關係，還可以使生產企業獲得適當的市場覆蓋面。與密集分銷策略相比，採用這種策略具有較強的控製力，成本也較低。選擇分銷中的常見問題是如何確定經銷商區域重疊的程度。在選擇分銷中重疊的量決定著在某一給定區域內選擇分銷和密集分銷所接近的程度。雖然市場重疊率會方便顧客的選購，但也會在零售商之間造成一些衝突。低重疊率會增加經銷商的忠誠度，但也降低了顧客的方便性。

（三）獨家分銷策略

獨家分銷策略是指生產企業在一定地區、一定時間只選擇一家中間商銷售自己的產品。獨家分銷的特點是競爭程度低。一般情況下，只有當公司想要與中間商建立長久而密切的關係時才會使用獨家分銷。因為獨家分銷比其他任何形式的分銷更需要企業與經銷商之間更多的聯合與合作，其成功是相互依存的。獨家分銷比較適用於服務水平要求較高的專業產品。

獨家分銷使經銷商們得到庇護，即避免了與其他競爭對手作戰的風險，獨家分銷還可以使經銷商無所顧忌地增加銷售開支和人員以擴大自己的業務，不必擔心生產企業會另選他人。而且採用這種策略，生產商能在中間商的銷售價格、促銷活動、信用和各種服務方面有較強的控製力，從事獨家分銷的生產商還期望通過這種形式取得經銷商強有力的銷售支持。

獨家分銷的不足之處主要是由於缺乏競爭會導致經銷商力量減弱，而且對顧客來說也不方便。獨家分銷會使經銷商認為可以支配顧客，因為在市場中經銷商占據了壟斷性位置；對於顧客來說，獨家分銷可能使他們在購買地點的選擇上感到不方便。採用獨家分銷，通常雙方要簽訂協議，在一定的地區、時間內，規定經銷商不得再經銷其他競爭者的產品，生產商也不得再找其他中間商經銷該產品。

七、渠道管理

渠道管理是指製造商為實現公司分銷的目標而對現有渠道進行管理，以確保渠道

成員間、公司和渠道成員間相互協調和合作的一切活動，其意義在於共同謀求最大化的長遠利益。渠道管理分為選擇渠道成員、激勵渠道、評估渠道、修改渠道決策、退出渠道。生產廠家可以對其分銷渠道實行兩種不同程度的控製，即絕對控製和低度控製。渠道管理工作包括：

對經銷商的供貨管理，保證供貨及時，在此基礎上幫助經銷商建立並理順銷售子網，分散銷售及庫存壓力，加快商品的流通速度。

加強對經銷商廣告、促銷的支持，減少商品流通阻力；提高商品的銷售力，促進銷售；提高資金利用率，使之成為經銷商的重要利潤源。

對經銷商負責，在保證供應的基礎上，對經銷商提供產品服務的支持。妥善處理銷售過程中出現的產品損壞變質、顧客投訴、顧客退貨等問題，切實保障經銷商的利益不受無謂的損害。

加強對經銷商的訂貨處理管理，減少因訂貨處理環節中出現的失誤而引起發貨不暢。

加強對經銷商訂貨的結算管理，規避結算風險，保障製造商的利益。同時，避免經銷商利用結算便利製造市場混亂。

其他管理工作包括對經銷商進行培訓，增強經銷商對公司理念、價值觀的認同以及對產品知識的認識。還要負責協調製造商與經銷商之間、經銷商與經銷商之間的關係，尤其對於一些突發事件，如價格漲落、產品競爭、產品滯銷以及周邊市場衝擊或低價傾銷等擾亂市場的問題，要以協作、協商的方式為主，以理服人，及時幫助經銷商消除顧慮，平衡心態，引導和支持經銷商向有利於產品營銷的方向轉變。

模塊 C　營銷技能實訓

實訓項目 1：情景模擬訓練——手機企業轉型

1. 實訓目標

（1）通過訓練提升分銷渠道選擇影響因素的分銷能力；

（2）通過訓練提升制定和實施分銷策略的能力。

2. 實訓情景設置

（1）按模擬企業分組進行；

（2）每個企業模擬不同的分銷渠道情況；

（3）一個企業在模擬市場情況時，由其他企業模擬競爭者的反應。

3. 實訓內容

某有限公司成立於 1992 年，最早以生產尋呼機出名。隨著尋呼機業務的逐漸衰退，1999 年該公司選擇了手機作為轉型產品。2000 年，為了開拓國產手機市場，該公司自建了一個龐大的手機銷售服務網絡，在全國範圍內設立了 28 個分公司、300 多個辦事處。這種垂直渠道銷售模式使得 A 品牌手機 2001 年的銷量達到了 246 萬臺。該公

司很快占領了全國市場並提高了知名度。但是，該公司銷售網絡的擴張也花掉了巨額的銷售費用，再加上 2001 年 A 品牌以銷售中低端手機為主，銷量雖然很大，但是利潤回報卻比較低。在經歷了幾年的微利、困苦經營后，2006 年該公司做出重大戰略調整，決定進軍高端手機領域，提高 A 品牌手機的品牌價值。該公司總經理多次找營銷部經理討論有關銷售渠道問題，其中問題的關鍵是：原有的延伸到縣級區域的銷售網絡並不能直接應用於高端手機的銷售，需要對現有的銷售網絡進行改造。

如果你是營銷部經理，你將採用什麼方法或方案讓現有的銷售網絡支持 A 品牌今后進軍高端手機市場？

（資料來源：王瑤. 市場營銷基礎實訓與指導 [M]. 北京：中國經濟出版社，2009）

4. 實訓過程與步驟
（1）每個企業受領實訓任務；
（2）必要的理論引導和疑難解答；
（3）即時的現場控製；
（4）任務完成時的實訓績效評價。

5. 實訓績效

_____ 實訓報告
第 _____ 次市場營銷實訓

實訓項目：_____
實訓名稱：_____
實訓導師姓名：_____；職稱（位）：_____；單位：校內□ 校外□
實訓學生姓名：_____；專業：_____；班級：_____
實訓學期：_____；實訓時間：_____；實訓地點：_____
實訓測評：

評價項目	教師評價	得分	學生自評	得分
任務理解（20 分）				
情景設置（20 分）				
操作步驟（20 分）				
任務完成（20 分）				
訓練總結（20 分）				

教師評價得分：_____　學生自評得分：_____　綜合評價得分：_____
實訓總結：
獲得的經驗：_____

存在的問題：_____

提出的建議：_____

實訓項目 2：方案策劃訓練——銷售代理協議書設計訓練

1. 實訓目標
（1）能認識並實現組織分工與團隊合作；
（2）能撰寫出符合格式要求的銷售代理協議書；
（3）能整理總結出銷售代理協議書設計課題分析報告；
（4）能用口頭清晰地表達出銷售代理協議書設計實訓心得。

2. 實訓情景設置
（1）按模擬企業分組進行；
（2）每個企業模擬不同的分銷渠道情況；
（3）一個企業在模擬市場情況時，由其他企業模擬競爭者的反應。

3. 實訓內容

HB 嬰童用品有限公司擬通過銷售代理方式開拓中國北方市場。公司希望在北方市場尋求一個銷售代理夥伴，總代理公司 HB 品牌嬰童用品。很快，石家莊市 PLBB 嬰童用品連鎖超市有限公司應徵合作。為明確企業與總代理商的權利與義務，切實保障各自的權益，HB 公司擬與石家莊市 PLBB 嬰童用品連鎖超市有限公司簽訂一份銷售代理協議書，合作期限暫定為 1 年，自 2014 年 7 月 1 日到 2015 年 6 月 30 日。協議約定，若合作成功，公司將續簽兩年合作合同。

根據以上背景資料，各模擬企業為 HB 嬰童用品有限公司擬訂一份銷售代理協議書。

（資料來源：羅紹明，等. 市場營銷實訓教程 [M]. 北京：對外經濟貿易大學出版社，2010）

4. 實訓過程與步驟
（1）每個企業受領實訓任務；
（2）必要的理論引導和疑難解答；
（3）即時的現場控製；
（4）任務完成時的實訓績效評價。

5. 實訓績效

_____實訓報告
第_____次市場營銷實訓

實訓項目：_____
實訓名稱：_____
實訓導師姓名：_____；職稱（位）：_____；單位：校內□ 校外□
實訓學生姓名：_____；專業：_____；班級：_____
實訓學期：_____；實訓時間：_____；實訓地點：_____
實訓測評：

評價項目	教師評價	得分	學生自評	得分
任務理解（20分）				
情景設置（20分）				
操作步驟（20分）				
任務完成（20分）				
訓練總結（20分）				

教師評價得分：_____　學生自評得分：_____　綜合評價得分：_____
實訓總結：
獲得的經驗：_____
_____
存在的問題：_____
_____
提出的建議：_____
_____

實訓項目3：情景模擬訓練——渠道的煩惱

1. 實訓目標
（1）通過訓練提升分銷渠道選擇影響因素的分銷能力；
（2）通過訓練提升制定和實施分銷策略的能力；
（3）通過訓練提升分銷渠道管理的能力。
2. 實訓情景設置
（1）按模擬企業分組進行；
（2）每個企業模擬不同的分銷渠道情況；
（3）一個企業在模擬市場情況時，由其他企業模擬競爭者的反應。
3. 實訓內容
　　某公司向所有中間商供貨時均採取統一的供貨政策，銷售業績較為穩定。最近由於競爭加劇，公司30%的大客戶停止或減少訂貨。請分析，該公司近來銷售中可能出現了什麼問題？產生這一問題的主要原因是什麼？公司銷售工作管理的重點是什麼？

公司應如何恢復銷售業績？

（資料來源：張衛東．市場營銷理論與實踐［M］．北京：電子工業出版社，2011）

4. 實訓過程與步驟

（1）每個企業受領實訓任務；

（2）必要的理論引導和疑難解答；

（3）即時的現場控製；

（4）任務完成時的實訓績效評價。

5. 實訓績效

<u>　　　　　</u>實訓報告

第<u>　　　　</u>次市場營銷實訓

實訓項目：<u>　　　　　　　　　　　　　　</u>

實訓名稱：<u>　　　　　　　　　　　　　　</u>

實訓導師姓名：<u>　　　　</u>；職稱（位）：<u>　　　　</u>；單位：校內□校外□

實訓學生姓名：<u>　　　　</u>；專業：<u>　　　　</u>；班級：<u>　　　　</u>

實訓學期：<u>　　　　</u>；實訓時間：<u>　　　　</u>；實訓地點：<u>　　　　</u>

實訓測評：

評價項目	教師評價	得分	學生自評	得分
任務理解（20分）				
情景設置（20分）				
操作步驟（20分）				
任務完成（20分）				
訓練總結（20分）				

教師評價得分：<u>　　　　</u>　學生自評得分：<u>　　　　</u>　綜合評價得分：<u>　　　　</u>

實訓總結：

獲得的經驗：<u>　　　　　　　　　　　　　　　　　　　　　　　　</u>

<u>　　　　　　　　　　　　　　　　　　　　　　　　　　　　　</u>

存在的問題：<u>　　　　　　　　　　　　　　　　　　　　　　　</u>

<u>　　　　　　　　　　　　　　　　　　　　　　　　　　　　　</u>

提出的建議：<u>　　　　　　　　　　　　　　　　　　　　　　　</u>

<u>　　　　　　　　　　　　　　　　　　　　　　　　　　　　　</u>

第九章　促銷策略實訓

實訓目標：

（1）深入理解和應用促銷的內涵和作用。
（2）深入理解和應用促銷策略的制定與選擇。
（3）深入理解和應用促銷的方法與手段。

模塊 A　引入案例

2013 年「光棍節」淘寶網促銷活動

　　從 2009 年至今，每年一次「雙十一」逐漸成為中國電子商務行業乃至全社會關注的年度盛事。淘寶網官方數據顯示，2009 年 11 月 11 日發起「品牌商品五折」活動，當天銷售額 1 億元；2010 年同一天，銷售額為 9.36 億元；2011 年的「雙十一」，成交額飆升至 52 億元；2012 年，天貓商城「雙十一」實現 191 億元的成交額。2013 年 11 月 12 日，阿里巴巴集團提供即時數據顯示，截至 11 月 11 日 24 時，「雙十一」網購狂歡節支付寶交易額（主要為天貓商城加淘寶網）突破 350.19 億元，打破了阿里巴巴集團董事局主席馬雲此前 300 億元的預期。

　　阿里巴巴集團數據顯示，2013 年 11 月 11 日零時，天貓、淘寶「網購狂歡節」開場，55 秒后，活動通過支付寶交易額便突破 1 億元；6 分 7 秒，交易額突破 10 億元，超過中國香港特別行政區 9 月份日均社會零售總額；13 分 22 秒，交額超過 20 億元；38 分鐘后，交易額達到 50 億元；凌晨 5 點 49 分，交易額突破 100 億元；13 點 04 分，交易額突破 191 億元，超越 2012 年；13 點 39 分，交易額突破 200 億元；21 點 19 分，交易額突破 300 億元；24 點，交易額達到 350.19 億元。數據還顯示，截至當天 20 點 30 分，有 14 個店鋪交易額破億元。

　　據介紹，11 月 11 日當天有 1 萬個天貓品牌店，300 萬件活動商品上線，商品全場五折。在此基礎上，天貓聯合 1500 多個品牌商家發放針對「雙十一」當天使用的百億元優惠券；提前充支付寶，就有機會充 300 搶 150，充 150 搶 50；還有「喵星球」游戲搶紅包，淘寶、聚劃算和一淘送的紅包，各種現金紅包加起來近億元。

　　如果你還在叫嚷著錢不夠花，這份從天貓商城獨家獲得的「雙十一購物狂歡節全攻略」也許可以幫到你。據稱，有此寶典在手，1 元錢能當 1 美元花。不過，天貓人士提醒，在此之前記得支付寶提前充好值。

10月15日—11月11日：下訂金搶占先機

這次「雙十一」購物狂歡節，天貓將首次上線預售平臺，周大福、李維斯、波司登、安踏等400多個品牌陸續上線預售商品，只要提前下訂金，11月11日當天支付尾款，便可抄到底價商品，每天還送1588個50元「天貓紅包」。

例如，市價每平方米165元的聖象地板，只需現在付10元訂金，11月11日當天便可以55元的價格買到手。聖象地板承諾，如果100年之內，在任何地方找到更便宜的則100倍賠差價。

10月11日—11月11日：領優惠券享折上折

10月11日開始，1500多個「雙十一購物狂歡節」核心商家，開始在天貓網派發總額達百億元的優惠券。這些商家包括阿迪達斯、飛利浦、海爾、優衣庫等品牌，優惠券金額為5~100元不等。拿著這些優惠券，就可以在「雙十一」當天全場五折的基礎上享受折上折了。

11月1日—11月8日：去「喵星球」頂紅包

6月18日那次全民瘋搶紅包活動你參加了麼？沒錯，搶紅包活動又回來了！11月1日，「喵星球」盛大開啟，點擊裡面任意品牌，便可頂紅包。每次頂紅包都有機會獲得1元、5元、10元、100元「雙十一」紅包。當日頂滿30個全新品牌，可獲得贏取1111元免單紅包機會，每日抽取11位獲獎者，獲獎名單於隔天上午11點在公告欄及天貓官方微博公布。另外，淘寶網和一淘網也有紅包送，當天都可以用。

11月1日—11月10日：收藏寶貝守株待兔

「全場五折」活動僅限於11月11日當天，那麼在此之前我們還能做些什麼準備工作呢？11月1日起，你可以去「喵星球」裡看看有哪些自己喜歡的商品，認真寫個清單，衣食住行、鍋碗瓢盆、家具家居、數碼家電分分類，記個價格，一一搜羅在購物車裡，接下來就淡定地等待11號當天支付。

11月5日—11月10日：子彈上膛支付寶充好

相信前兩年「雙十一」的時候，不少網友有這樣的經歷：看好的超低價商品，明明搶到了，可關鍵時刻網銀卻「系統繁忙」。由於11月11日當天有上億人在同時充網銀，系統癱瘓的情況極有可能發生。

天貓相關負責人支招消費者，提前幾天將錢充進支付寶裡，到時候直接用支付寶餘額支付，輸個密碼幾秒鐘就完事。為了鼓勵大家提前充值，錯開網銀支付高峰，支付寶推出超級給力的「充300搶150，充150搶50」充值送活動，6000萬元的紅包等用戶搶，這些紅包可是真金白銀，直接能當錢使用。

11月11日狂歡前夜：電腦調好人要吃飽

活動不等人，11日零點正式開搶。因此，之前這頓晚飯一定要吃飽。最好再買點干糧備著，萬一到了11:30饑餓難挨，大半夜出去覓食，回來就會發現珍藏版李寧球鞋沒了；餓慌了手一抖，Iphone沒了。

電腦性能一定要好，網速一定要快。如果還在撥號上網，那就趕緊先買件羽絨服之類的，考慮去網吧包夜網購。

11月11日狂歡節：敞開錢包買

2013年的「雙十一」正好是周日，不上班，可以盡情地掃貨了！一過零點，大家迅速刷新「1111.tmall.com」頁面，購物車裡之前挑好的商品統統刷一遍，價格變了立馬下手……

如果提前按照以上的攻略操作，淘寶帳號裡應該積攢了不少天貓、淘寶、一淘、支付寶的優惠券和紅包，付款時能用的統統用上，千萬別手軟，過了「雙十一」就全部作廢。

另外，「雙十一」當天所有商品都會踏著幾個時間點上新品，即0點、9點、12點、18點、21點。很多超級劃算的寶貝會在這幾個時間點限量上架。

（資料來源：http://sh.bendibao.com/news/20131028/91422.shtm）

案例思考：

（1）淘寶網「雙十一」活動促銷有什麼特色？
（2）淘寶網「雙十一」活動促銷策略與傳統的線下促銷策略有什麼異同？
（3）淘寶網「雙十一」活動促銷具有可持續性嗎？

模塊B　基礎理論概要

一、促銷及促銷策略的內涵

促銷（Promotion）就是營銷者向消費者傳遞有關本企業及產品的各種信息，說服或吸引消費者購買其產品，以達到擴大銷售量的目的。促銷實質上是一種溝通活動，即營銷者（信息提供者或發送者）發出作為刺激消費的各種信息，把信息傳遞到一個或更多的目標對象（即信息接受者，如聽眾、觀眾、讀者、消費者或用戶等），以影響其態度和行為。常用的促銷手段有廣告、人員推銷、網絡營銷、營業推廣和公共關係。企業可根據實際情況及市場、產品等因素選擇一種或多種促銷手段的組合。

促銷策略是指企業如何通過人員推銷、廣告、公共關係和營銷推廣等各種促銷手段，向消費者傳遞產品信息，引起他們的注意和興趣，激發他們的購買慾望和購買行為，以達到擴大銷售的目的的活動。企業將合適的產品，在適當的地點、以適當的價格出售的信息傳遞到目標市場，一般是通過兩種方式：一種方式是人員推銷，即推銷員和顧客面對面地進行推銷；另一種方式是非人員推銷，即通過大眾傳播媒介在同一時間向大量消費者傳遞信息，主要包括廣告、公共關係和營銷推廣等多種方式。這兩種推銷方式各有利弊，但可起相互補充的作用。此外，目錄、通告、贈品、店標、陳列、示範、展銷等也都屬於促銷策略範圍。一個好的促銷策略，往往能起到多方面作用，如提供信息情況，及時引導採購；激發購買慾望，擴大產品需求；突出產品特點，建立產品形象；維持市場份額，鞏固市場地位等。

二、促銷的作用

(一) 縮短入市的進程

使用促銷手段，旨在對消費者或經銷商提供短程激勵。在一段時間內調動人們的購買熱情，培養顧客的興趣和使用愛好，使顧客盡快地瞭解產品。

(二) 激勵消費者初次購買

促銷要求消費者或店鋪的員工親自參與，行動導向目標就是立即實施銷售行為。消費者一般對新產品具有抗拒心理。由於使用新產品的初次消費成本是使用老產品的一倍（對新產品一旦不滿意，還要花同樣的價錢去購買老產品，這等於花了兩份的價錢才得到了一個滿意的產品，因此許多消費者在心理上認為買新產品代價高），消費者就不願冒風險對新產品進行嘗試。但是，促銷可以讓消費者降低這種風險意識，降低初次消費成本，而去接受新產品。

(三) 激勵再次購買

當消費者試用了產品以後，如果是基本滿意的，可能會產生重複使用的意願。但是，這種消費意願在初期一定是不強烈的、不可靠的。如果有一個持續的促銷計劃，可以使消費群基本固定下來。

(四) 提高銷售業績

毫無疑問，促銷是一種競爭，它可以改變一些消費者的使用習慣及品牌忠誠。因受利益驅動，經銷商和消費者都可能大量進貨與購買。因此，在促銷階段，常常會增加消費，提高銷售量。

(五) 侵略與反侵略競爭

無論是企業發動市場侵略，還是市場的先入者發動反侵略，促銷都是有效的應用手段。市場的侵略者可以運用促銷強化市場滲透，加速市場佔有。市場的反侵略者也可以運用促銷針鋒相對，來達到阻擊競爭者的目的。

(六) 帶動相關產品市場

促銷的第一目標是完成促銷產品的銷售。但是，在甲產品的促銷過程中，卻可以帶動相關的乙產品的銷售。例如，茶葉的促銷可以推動茶具的銷售。當賣出更多的咖啡壺的時候，咖啡的銷售就會增加。在20世紀30年代的上海，美國石油公司向消費者免費贈送煤油燈，結果使其煤油的銷量大增。

(七) 節慶酬謝

促銷可以使產品在節慶期間或企業節慶日期間錦上添花。每當例行節日到來的時候，或是企業有重大喜慶的時候（以及開業上市的時候），開展促銷可以表達市場主體對廣大消費者的一種酬謝和聯慶。

三、促銷策略

根據促銷手段的出發點與作用的不同，促銷策略可分為推式策略和拉式策略。

(一) 推式策略

推式策略，即以直接方式，運用人員推銷手段，把產品推向銷售渠道，其作用過程為企業的推銷員把產品或勞務推薦給批發商，再由批發商推薦給零售商，最后由零售商推薦給最終消費者。

該策略適合的情況如下：

第一，企業經營規模小或無足夠資金用以執行完善的廣告計劃。

第二，市場較集中，分銷渠道短，銷售隊伍大。

第三，產品具有很高的單位價值，如特殊品、選購品等。

第四，產品的使用、維修、保養方法需要進行示範。

人員促銷是指企業派出推銷人員直接與顧客接觸、洽談、宣傳商品，以達到促進銷售目的的活動過程。人員促銷既是一種渠道方式，也是一種促銷方式。人員促銷的特點如下：

1. 人員促銷具有很大的靈活性

在推銷過程中，買賣雙方當面洽談，易於形成一種直接而友好的相互關係。通過交談和觀察，推銷員可以掌握顧客的購買動機，有針對性地從某個側面介紹商品特點和功能，抓住有利時機促成交易；可以根據顧客的態度和特點，有針對性地採取必要的協調行動，滿足顧客需要；可以及時發現問題，進行解釋，解除顧客的疑慮，使顧客產生信任感。

2. 人員促銷具有選擇性和針對性

在每次推銷之前，可以針對具有較大購買可能的顧客進行推銷，並有針對性地對未來的顧客進行一番研究，擬訂具體的推銷方案、策略、技巧等，以提高推銷成功率。這是廣告所不能及的，廣告促銷往往包括許多非可能性顧客在內。

3. 人員促銷具有完整性

推銷人員的工作從尋找顧客開始，到接觸、洽談，最后達成交易，除此以外推銷員還可以擔負其他營銷任務，如安裝、維修、瞭解顧客使用后的反應等，而廣告則不具有這種完整性。

4. 人員促銷具有公共關係的作用

一個有經驗的推銷員為了達到促進銷售的目的，可以使買賣雙方從單純的買賣關係發展到建立深厚的友誼，彼此信任、彼此諒解，這種感情增進有助於推銷工作的開展，實際上起到了改善公共關係的作用。

(二) 拉式策略

拉式策略是指採取間接方式，通過廣告和公共宣傳等措施吸引最終消費者，使消費者對企業的產品或勞務產生興趣，從而引起需求，主動去購買商品。拉式策略的作用路線為企業將消費者引向零售商，將零售商引向批發商，將批發商引向生產企業。

該策略適合的情況如下：

第一，市場廣大，產品多屬便利品。

第二，商品信息必須以最快速度告知廣大消費者。

第三，對產品的初始需求已呈現出有利的趨勢，市場需求日漸上升。

第四，產品具有獨特性能，與其他產品的區別顯而易見。

第五，能引起消費者某種特殊情感的產品。

第六，有充分資金用於廣告。

1. 廣告

1948年，美國營銷協會的定義委員會（AMA）形成了一個有較大影響的廣告的定義：廣告（Advertising）是由可確認的廣告主，對其觀念、商品或服務所作之任何方式付款的非人員式的陳述與推廣。廣告一方面適用於創立一個公司或產品的長期形象，另一方面能促進快速銷售。從成本費用角度看，廣告就傳達給處於地域廣闊而又分散的廣大消費者而言，每個顯露點的成本相對較低，因此是一種較為有效，並被廣泛使用的溝通促銷方式。

廣告具有以下一些特點：

（1）公開展示性。廣告是一種高度公開的信息溝通方式，使目標受眾聯想到標準化的產品，許多人接受相同的信息，因此購買者知道他們購買這一產品的動機是眾所周知的。

（2）普及性。廣告突出「廣而告之」的特點，也就是普及化、大眾化，銷售者可以多次反覆向目標受眾傳達這一信息，購買者可以接受和比較同類信息。

（3）藝術的表現力。廣告可以借用各種形式、手段與技巧，提供將一個公司及其產品戲劇化的表現機會，增大其吸引力與說服力。

（4）非人格化。廣告是非人格化的溝通方式，廣告的非人格化決定在溝通效果上廣告不能使目標受眾直接完成行為反應。這種溝通是單向的，受眾無義務去注意和反應。

2. 銷售促進

銷售促進（Sales Promotion，SP）又稱為營業推廣，是指企業運用各種短期誘因鼓勵消費者和中間商購買、經銷企業產品和服務的促銷活動。在公司促銷活動中，運用銷售促進方式可以產生更為強烈、迅速的反應，快速扭轉銷售下降的趨勢。然而，銷售促進的影響常常是短期的，銷售促進不適用形成產品的長期品牌偏好。

銷售促進具有以下一些特點：

（1）迅速的吸引作用。銷售促進可以迅速地引起消費者注意，把消費者引向購買。

（2）強烈的刺激作用。銷售促進通過採用讓步、誘導和贈送的辦法帶給消費者某些利益。

（3）明顯的邀請性。銷售促進以一系列更具有短期誘導性的手段，顯示出邀請顧客前來與之交易的傾向。

3. 公共關係

公共關係（Public Relation）是指某一組織為改善與社會公眾的關係，促進公眾對

組織的認識、理解及支持，達到樹立良好組織形象、促進商品銷售的目的的一系列公共活動。企業運用公關宣傳手段也要支出一定的費用，但這與廣告或其他促銷工具相比較要低得多。公關宣傳的獨有性質決定了其在企業促銷活動中的作用，如果將一個恰當的公關宣傳活動同其他促銷方式協調起來，可以取得極大的效果。

公共關係促銷具有以下一些特點：

（1）高度可信性。新聞故事和特寫比起廣告來，其可信性要高得多。

（2）消除防衛。購買者對營銷人員和廣告或許會產生迴避心理，而公關宣傳是以一種隱蔽、含蓄、不直接觸及商業利益的方式進行信息溝通，從而可以消除購買者的迴避、防衛心理。

（3）新聞價值。公關宣傳具有新聞價值，可以引起社會的良好反應，甚至產生社會轟動效果，從而有利於提高公司的知名度，促進消費者發生有利於企業的購買行為。

(三) 具體促銷策略

1. 反時令促銷策略

一般而言，對於一些季節性商品，往往有銷售淡季與旺季之分。大眾消費心理是「有錢不買半年閒」，即按時令需求，缺什麼買什麼。商家一般也是如此，基本按時令需求供貨。因此，商品在消費旺季時往往十分暢銷，在消費淡季時往往滯銷。但是，有些商家反其道而行之，時值暑夏，市場上原本滯銷的冬令貨物，如毛皮大衣、取暖電器、毛皮靴、羽絨服等在某些城市銷售較好。這就是人們常說的「反時令促銷」。有心計的商家常常推出換季商品甩賣之舉，而消費者中不乏買者，主要目的在於獲得時令差價。

2. 獨次促銷策略

商家對熱門暢銷的商品會大量進貨，大做廣告，不斷擴大銷售量，因為商家的經營原則是必須賺回能賺到的利潤。但是，義大利著名的萊而商店卻反其道而行之，採取的是獨次銷售法。這個商店對所有的商品僅出售一次就不再進貨了，即使十分熱銷也忍痛割愛。表面上看，這家商店損失了許多唾手可得的利潤，但是實際上該商店因所有商品都十分搶手而加速了商品週轉，實現了更大的利潤。這是因為商店抓住了顧客「物以稀為貴」的心理，給顧客造成一種強烈的印象，顧客認為該商店銷售的商品都是最新的，機不可失，失不再來，切不可猶豫。因此，任何商品在這個商店一上市，就會出現搶購的場面。這一方法與國內某些商店採取的「限量銷售法」有異曲同工之妙。

3. 翻耕促銷策略

翻耕促銷策略是指以售後服務形式招徠老顧客的促銷方法。一些銷售如電器、鐘表、眼鏡等的商店專門登記顧客的姓名和地址，然後通過專門訪問或發調查表的形式瞭解老顧客過去在該店所購的商品有沒有什麼毛病、是否需要修理等，並附帶介紹新商品。這樣做的目的在於增加顧客對本店的好感，並使之購買相關的新商品，往往能收到奇效。這種促銷方式關鍵在於商店具有完善的顧客管理系統，能與顧客保持經常性的深入溝通。

4. 輪番降價促銷策略

輪番降價促銷策略要求商家分期分批地選擇一些商品作為特價商品，並製作大幅海報貼於商店內外或印成小傳單散發給顧客。這些特價商品每期以三四種為限，以求薄利多銷，吸引顧客，且每期商品不同，迎合顧客的好奇心理。於是，顧客來店選購特價商品外，還會順便購買其他非特價商品。當然，特價商品利潤低微，甚至沒有利潤，但通過促銷其他商品可得到補償。

5. 每日低價促銷策略

每日低價促銷策略是指商家每天推出低價商品，以吸引顧客的光顧。這一策略與主要依靠降價促銷手段——擴大銷售有很大不同，由於每天都是低價商品，所以是一種相對穩定的低價策略。通過這種穩定的低價使消費者對商店增加了信任，節省人力成本和廣告費用，使商店在競爭中處於有利地位。值得注意的是，低價商品的價格至少要低於正常價格的10%~20%，否則不構成吸引力，便達不到促銷的目的。

6. 最高價促銷策略

一般而言，價格促銷實際上就是降價促銷，只有降低價格才能吸引消費者的注意力。但是，有些商店卻打破這一經營常規。例如，某店在「全市最低價」、「大減價」、「跳樓價」等鋪天蓋地的廣告中貼出一張與眾不同的最高價廣告，聲稱「醬鴨全市最高價：五元一斤」。這則廣告說得實在、不虛假，使人感到可信，同時也含蓄地點明該店的醬鴨質量是全市首屈一指的。市民們在片刻詫異之後，很快出現了競相購買「全市最高價」的醬鴨熱潮。這種促銷方式實際上也適合某些零售商店，尤其是以高收入階層為目標顧客的商店，以商品高價滿足這群人的心理滿足，顯示他們的身分和地位，也許也能收到一定的促銷效果。

7. 對比吸引促銷策略

對比吸引促銷策略是指以換季甩賣、換款式甩賣、大折價等優待顧客，同時把最新、最流行的商品擺在顯眼的樣品架上，標價則為同類而非流行商品的兩三倍。在同樣貨架上或貨架旁兩種價格對比，最能吸引顧客的注意。當顧客發現新流行的商品，一般都好奇地把它與非流行的商品做比較。好時髦者往往會看中高價的商品，講究實際者則往往選擇廉價的非流行商品。這樣，對兩種商品都可以起到促銷作用。

8. 拍賣式促銷策略

當今時代，各大商店林立，商業競爭激烈，簡單、陳舊的促銷方式不足以吸引更多的顧客，拍賣也就成為商店促銷的一條新思路。拍賣活動要寫清楚本次拍賣活動的商品名稱、拍賣底價。通過拍賣賣出的商品有的高於零售價，有的低於零售價，令消費者感到很富有戲劇性。拍賣形式新鮮、有趣，但也不宜每天都搞，否則就無新鮮可言了。通常可以選擇在週末、節假日等時間，那時消費者有充足的時間參加拍賣活動，才能取得好的效果。如果在平時，人們要上班，即使對拍賣有興趣也沒有足夠的時間來參加。

9. 借勢打力策略

借勢打力策略是指借助競爭對手的某種力量，通過一定的策略將其轉化為自己服務。這就像《笑傲江湖》中的吸星大法，在對手出招的時候，一定想辦法把對方的優

勢轉變成自己的優勢。例如,「利腦」是一個地方性品牌,高考期臨近,在「腦白金」「腦輕松」等知名補腦品牌紛紛展開效果促銷並請一些人現身實地說法時,「利腦」就掀起了「服用無效不付余款」的促銷旋風。「利腦」作為實力弱小的品牌,在廣告上無法跟大品牌打拼,而在促銷上也無法進行更多的投入。因此,只有在跟進促銷中進行借力打力——採取「服用一個月,成績不提升,不付余款」的活動。這一下,因為跟大品牌在一起,並採取了特殊策略,於是就有效地解決了消費者的信任問題,也提升了知名度。

10. 擊其軟肋策略

在與競爭對手開戰前,一定要做到「知己知彼」,這樣才能決勝於千里之外。實際上,競爭對手無論怎麼投入資源,在整個渠道鏈條上都會有薄弱部分。例如,在渠道上投入過大,於是終端的投入就往往不夠,如果在終端投入多了,在渠道上就往往會投入少了。在摩托羅拉為自己的新品大打廣告的時候,某些國產手機則迅速組織終端攔截,在攔截中,也大打新品的招牌,並且低價進入,以此將競爭對手吸引到零售店的顧客吸引一部分到自己的櫃臺、專區。在競爭對手忽略終端執行的時候,這種模式是最有效的。

11. 尋找差異策略

有時候,硬打是不行的,要學會進行差異化進攻。例如,競爭對手採取價格戰,本公司就進行贈品戰;競爭對手採取抽獎戰,本公司就進行買贈戰。可口可樂公司的「酷兒」產品在北京上市時,由於產品定位是帶有神祕配方的5～12歲小孩喝的果汁,價格定位也比果汁飲料市場領導品牌高20%。當時,市場競爭十分激烈,很多企業都大打降價牌。最終,可口可樂公司走出了促銷創新的新路子:既然「酷兒」上市走的是「角色行銷」的方式,那就來一個「角色促銷」。於是,「酷兒」玩偶進課堂派送「酷兒」飲料和文具盒、買「酷兒」飲料贈送「酷兒」玩偶、在麥當勞吃兒童樂園套餐送「酷兒」飲料和禮品、「酷兒」幸運樹抽獎、「酷兒」臉譜收集、「酷兒」路演……

12. 提早出擊策略

有時候,對手比自己強大許多,他們的促銷強度自然也比自己強大。此時,最好的應對方法是提前做促銷,令消費者的需求提前得到滿足,當對手的促銷開展之時,消費者已經毫無興趣。例如,A公司準備上一個新的洗衣粉產品,並針對自己的品牌策劃了一系列的產品上市促銷攻勢。B公司雖然不知道A公司到底會採用什麼樣的方法,但知道自己實力無法與之抗衡。於是,在A公司的產品上市前一個月,B公司開始了瘋狂的促銷——推出了大包裝,並且買二送一、買三送二,低價格「俘虜」了絕大多數家庭主婦。當A公司的產品正式上市後,由於主婦們已經儲備了大量的B公司的產品,所以A公司的產品放在貨架上幾乎無人問津。另外,如果在某些行業摸爬滾打一段時間後,對各競爭對手何時會啓動促銷大致都會心裡有數。比如,面對節假日的消費「井噴」,「五・一」、「十・一」、元旦、春節,各主要品牌肯定會啓動促銷活動,促銷活動的形式一般都不會有多大變化,往往是買贈、渠道激勵、終端獎勵等。經常對競爭對手進行分析,一定可以找到一些規律性的東西。針對競爭對手的慣用手

法，可以提前採取行動，最好的防守就是進攻。例如，在2005年，針對往年一些乳業公司以旅遊為獎項的促銷。身居「新鮮」陣營的另一乳業巨頭「光明」早早地在華東地區推出了「香港迪士尼之旅」，為自己的新鮮產品助陣促銷，並首次在業內把旅遊目的地延伸到了內地以外。「香港遊」剛剛落幕，「光明」緊接著又與中央電視臺體育頻道「光明乳業城市之間」節目結盟，同步在中國範圍內舉行以「健康光明喝彩中國」為主題的大型市場推廣活動。其促銷產品不僅囊括旗下新鮮乳品，還包括部分常溫液態奶，獎項設置也再出新招，「百人法國健康遊」成為誘人大獎。

13. 針鋒相對策略

簡單地說，針鋒相對策略就是針對競爭對手的策略發起進攻。例如，1999—2001年，某著名花生油品牌大量印發宣傳品，聲稱其主要競爭對手的色拉油產品沒營養、沒風味，好看不好吃。2004年，該品牌又改變宣傳主題，說競爭對手的色拉油原料在生產過程中用汽油浸泡過，以達到攻擊競爭對手，提升自己銷量的目的。但是，沒有依據地攻擊競爭對手是不合法的做法，不應提倡。

14. 搭乘順風車策略

很多時候，當人們明知對手即將運用某種借勢的促銷手段時，由於各種條件限制，無法對其打壓，也無法照樣進行，但由於其可預期有效，如果不跟進，便會失去機會。此時，最好的辦法就是搭乘順風車。例如，2006年德國世界杯上，阿迪達斯全方位贊助。耐克則另闢蹊徑，針對網絡用戶中占很大部分的青少年（耐克的潛在客戶），選擇與谷歌合作，創建了世界首個足球迷的社群網站，讓足球發燒友在這個網絡平臺上一起交流他們喜歡的球員和球隊，觀看並下載比賽錄像短片、信息、耐克明星運動員的廣告等。數百萬人登記成為註冊會員，德國世界杯成了獨屬於耐克品牌的名副其實的「網絡世界杯」。

15. 高唱反調策略

消費者心智是很易轉變的，因此當對手促銷做得非常有效，而自己卻無法跟進、打壓時，那麼最好就要高唱反調，將消費者的心智扭轉回來，至少也要擾亂消費者，從而達到削弱對手的促銷效果。例如，2001年，「格蘭仕」啟動了一項旨在「清理門戶」的降價策略，將一款暢銷微波爐的零售價格大幅降至299元，矛頭直指「美的」。6個月之后，「格蘭仕」將國內高檔主流暢銷機型「黑金剛系列」全線降價。同時，「美的」也開展了火藥味十足的活動，向各大報社傳真了一份「關於某廠家推出300元以下的微波爐的回應」材料，認為「格蘭仕」虛假言論誤導消費者，「美的」要「嚴斥惡意炒作行為」，「美的」還隆重推出了「破格（格蘭仕）行動」。

16. 百上加斤策略

所謂「百上加斤」，是指在對手的促銷幅度上加大一點，如對手降低3折，自己就降低5折，對手逢100送10，自己就逢80送10。在很多時候，消費者可能就會因多一點點的優惠，而改變購買意願。例如，某瓶裝水公司舉行了「進一箱（12瓶）水送5包餐巾紙」的活動。開始的2個星期，活動在傳統渠道（終端零售小店）取得了很大的成功。對此，另一家飲料公司則加大了促銷力度，推出了「買水得美鑽」的活動，即促銷時間內將贈送100顆美鑽，價值5600元/顆，採取抽獎方式，確定獲得者。另

外，在促銷時間內，每購買2箱水，價值100元，可以獲得價值800元的美鑽購買代金券，在指定珠寶行購買美鑽，並承諾中獎率高達60%以上。促銷結果，火得出奇。

17. 錯峰促銷策略

有時候，針對競爭對手的促銷，完全可以避其鋒芒，根據情景、目標顧客等的不同相應地進行促銷策劃，系統思考。例如，「古井貢」開展針對升學的「金榜題名時，美酒敬父母，美酒敬恩師」；針對老幹部的「美酒一杯敬功臣」；針對結婚的「免費送豐田花車」等一系列促銷活動，取得了較好的效果。

18. 促銷創新策略

創新是促銷制勝的法寶。實際上，即使是一次普通的價格促銷，也可以組合出各種不同的玩法，達到相應的促銷目的，這才是創新促銷的魅力所在。例如，統一「鮮橙多」為了配合其品牌核心內涵「多喝多漂亮」而推出的一系列促銷組合，不但完成了銷售促進，同時亦達到了品牌與消費者有效溝通、建立品牌忠誠的目的。統一集團結合品牌定位與目標消費者的特點，開展了一系列與「漂亮」有關的促銷活動，以加深消費者對品牌的理解。比如，統一集團在不同的區域市場就推出了「統一鮮橙多TV-GIRL選拔賽」、「統一鮮橙多・資生堂都市漂亮秀」、「統一鮮橙多陽光女孩」及「陽光頻率統一鮮橙多閃亮DJ大挑戰」等活動，極大地提高了產品在主要消費人群中的知名度與美譽度，促進了終端消費的形成，掃除了終端消費與識別的障礙。

19. 整合應對策略

整合應對策略就是與互補品合作聯合促銷，以此達到最大化的效果，並超越競爭對手的聲音。例如，看房即送福利彩票、小心中取百萬大獎。又如，方正電腦同伊利牛奶和可口可樂的聯合促銷，海爾冰箱與新天地葡萄酒聯合進行的社區、酒店促銷推廣。在促銷過程中要善於「借道」，一方面要培育多種不同的合作方式，如可口可樂與麥當勞、迪士斯公園等的合作，天然氣公司與房地產開發商的合作，家電與房地產開發商的合作等；另一方面要借助專業性的大賣場和知名連鎖企業，先搶占終端，再逐步形成對終端的控製力。

20. 連環促銷策略

保證促銷環節的聯動性就保證了促銷的效果，同時也容易把競爭對手打壓下去。實際上，促銷活動一般有三方參加：顧客、經銷商和業務員。如果將業務員的引力、經銷商的推力、活動現場對顧客的拉力三種力量連動起來，就能實現購買吸引力，最大限度地提升銷量。例如，某公司活動的主題是「減肥有禮！三重大獎等您拿」，獎品從數碼相機到保健涼席，設一、二、三等獎和顧客參與獎。凡是購買減肥產品達一個療程的消費者均可獲贈刮刮卡獎票一張。沒刮中大獎的顧客如果在刮刮卡附聯填寫好顧客姓名、電話、年齡、體重、用藥基本情況等個人資料寄到公司或者留在藥店收銀臺，在一個月活動結束後還可參加二次抽獎。獎品從彩電到隨身聽等分一、二、三等獎。如果年齡在18~28歲的年輕女性將本人藝術照片連同購藥發票一同寄到公司促銷活動組，可參加公司與晚報聯合舉辦的佳麗評選活動（該活動為促銷活動的后續促銷活動）。該活動的顧客參與度高、活動週期長、活動程序複雜，一下子把競爭對手單一的買一送一活動打壓了下去。

21. 善用波谷策略

某純果汁 A 品牌就針對競爭對手的活動，進行了反擊——推出了一個大型的消費積分累計贈物促銷（按不同消費金額給予不同贈品獎勵）。活動後沒幾天就受到競爭手更大力度的同類型促銷反擊。A 品牌的促銷活動原定是 4 周，見到競爭對手有如此強大的反擊，便立即停止了促銷活動。一周之後，A 品牌的促銷活動又重新開始了。但是，形式卻變成了「捆綁買贈」。結果，雖然競爭對手花了巨大的代價來阻擊 A 品牌的促銷，但 A 品牌依然在接下來的一個月裡取得了不俗的銷售業績。

四、促銷方法與手段

（一）代金券或折扣券

代金券是廠家和零售商對消費者購買的一種獎勵手段。例如，顧客消費達到一定額度時，給消費者發放的一種可再次消費的有價憑證。

操作要點：該有價消費券只能在代金券指定的區域和規定品類中使用。代金券或折扣券往往對使用品類有嚴格限制。通常只能購買那些正常價格內的商品，而不能用於特價銷售品種。在使用代金券或折扣券時，價格超出部分需要顧客補現金；代金券或折扣券不能作為現金兌換，使用時多余部分不得退換成現金。通常說來，這種代金券或折扣券的面值都較大，以 50 元、100 元、200 元、500 元的面值較為常見，就是要讓消費者通過這種大額消費來拉動消費。

（二）附加交易

附加交易是廠家採取的一種短期降價手段。

操作要點：通過向顧客提供一定數量的免費的同類品種。這種促銷手段在超市極為常見，其常用術語為「買×送×」。

（三）特價或折扣

特價或折扣就是通過直接在商品的現有價格基礎上進行打折的一種促銷手段。

操作要點：折扣的幅度不等，幅度過大或過小均會引起顧客產生懷疑促銷活動真實性的心理。而且，這種特價信息通常會註明特價時間段和地點。

（四）「回扣」式促銷

給消費者的「回扣」並不在消費者購買商品當時兌現，而是通過一定步驟才能完成的，是對消費者購買產品的一種獎勵和回饋。例如，再來一瓶等。

操作要點：通常回扣的標誌是附在產品的包裝上或是直接印在產品的包裝上。例如，酒類的回扣標誌一般都套在瓶口。消費者購買了有回扣標誌的商品后，需要把這回扣標籤寄回給製造商，然後再由製造商按簽上的回扣金額數量寄支票給消費者。

（五）抽獎促銷

消費者通過購買廠家產品而獲得抽獎資格，並通過抽將來確定自己的獎勵額度。目前看來，有獎銷售是最富有吸引力的促銷手段之一。因為消費者一旦中獎，獎品的

價值都很誘人，許多消費者都願意去嘗試這種無風險的有獎購買活動。

　　操作要點：獎品的設置要對消費者有足夠的吸引力，分級獎項的設計要合理。抽獎率的計算要不能低於一定比率，否則會讓消費者產生虛假感。中國法律規定有獎銷售的單獎金額不得超過 5000 元。此外，除了即買即開的獎品外，為了提高有獎銷售的可信度，抽獎的主辦單位一般都要請公證機關來監督抽獎現場，並在發行量較大的當地報紙上刊登抽獎結果。

(六) 派發「小樣」

　　派發「小樣」就是廠家通過向目標消費人群派發自己的主打產品，來吸引消費者對產品和品牌的關注度，以此來擴大品牌影響力，並影響試用者對該產品的后期購買，包括贈送小包裝的新產品和現場派發兩種。

　　操作要點：派發的「小樣」必須是合格的產品，必須是經過國家各相關部門的檢測的。而且那些和宣傳單頁一起派發的「小樣」還必須得到國家指定的廣告宣傳部門的許可。例如，寶潔公司曾大量在超市派發「潘婷」洗髮液的樣品，以加強消費者對這種產品的認識。派發「小樣」比較適合推廣新品時使用。

(七) 現場演示

　　現場演示促銷法是為了使顧客迅速瞭解產品的特點和性能，通過現場為顧客演示具體操作方法來刺激顧客產生購買意願的做法。例如，一些小家電廠家經常會在大賣場的主通道向消費者現場演示道具的使用方法。具體有蒸汽熨斗、食品加工機、各種清潔工具和保健用品等。

　　操作要點：演示地點的設置要講究，既不能影響賣場主通道的人流，又得給消費者的駐足觀看留有一定的空間。此外，還要對現場演示道具的安全和擺放效果進行論證。現場演示最大的好處是能夠讓顧客身歷其境，得到感性認識，刺激衝動消費。

(八) 有獎競賽

　　有獎競賽是指廠家通過精心設計一些有關企業和產品的問答知識，讓消費者在促銷現場競答來宣傳企業和產品的一種做法。

　　操作要點：競賽的獎品一般為實物，但是也有以免費旅遊來作為獎勵的。競賽的地點也可有多種，企業有時通過電視臺舉辦游戲性質的節目來完成競賽，並通過在電視節目中發放本企業的產品來達到宣傳企業和產品的目的。

(九) 派發禮品

　　派發禮品是指企業通過在一些場合發放與企業相關的產品，借此來提高企業和產品的知名度的一種宣傳手段。

　　操作要點：在選擇禮品形式時，應注意禮品與目標人群的「匹配」度，而且要注意禮品的質量。例如，一些企業試圖在賣場大面積地向顧客發放印有企業和品牌標示的購物袋來提升消費者對企業和品牌的認知度。但是，由於該購物袋的質量很差，讓消費者對該品牌產生了不好的印象，認為糊弄人的，而不是促銷，這是沒有意義的。

149

(十) 購物消費卡

每年政府機關和企事業單位都會有向職工發放一定的福利的習慣。這種福利發放的形式有所轉變，一改以前以實物發放形式為以購物消費卡的形式發放。由於這種購物卡能讓職工購物有很大的選擇餘地，再加上減少了中間的環節，大大降低了操作成本，已成為零售大賣場向這些團購單位實施促銷的主流促銷手段。

操作要點：既然成為一種消費卡，那麼購物卡就應具備同一零售系統、不同經營門店內的流通性，而且在賣場內結算上要足夠便利。否則，如果在使用該卡時過於繁瑣，很容易引發一些購物糾紛。另外，為了避免糾紛，在與企事業單位合作時，應通過簽署合同的形式作為保證。國家對購物卡的使用有了監管要求，企業如果涉及這類促銷方式要慎重。

(十一) 批量折讓

批量折讓是指生產企業與中間商之間或是批發商與零售商之間，按購買貨物數量的多少，給予一定的免費的同種商品。例如，每購買十箱送一箱，就是批量折讓。批量折讓的目的是激勵中間商增加購買量。

操作要點：在折扣點數和形式的選擇上，要盡可能與這些中間商的利益需求相匹配，而且要盡可能簡化其中的操作環節。

模塊 C　營銷技能實訓

實訓項目 1：情景模擬訓練——銷售淡季的促銷

1. 實訓目標

(1) 通過訓練提升促銷策略的制定和實施能力；

(2) 通過訓練提升促銷方法及手段的應用能力。

2. 實訓情景設置

(1) 按模擬企業分組進行；

(2) 每個企業模擬不同的促銷現場情況；

(3) 一個企業在模擬市場情況時，由其他企業模擬競爭者的反應。

3. 實訓內容

某銷售主管受一家集團委派前往該集團一家子公司擔任營銷副總經理。當他到這家公司走訪和巡視市場的時候，發現很多銷售人員要麼在賓館裡不出門，要麼坐在一級商店內與一級經銷商拉家常。他感到奇怪，於是問他們：「為什麼不去開發、拜訪二級經銷商和終端零售點？」他得到的回答卻是驚人的相似：「現在是銷售淡季，二級經銷商和終端零售點一天賣不出幾件產品，我們去了，他們也不會歡迎。」

面臨銷售淡季，假如你是該營銷副總經理，你將重點考慮什麼問題？準備採取何種方法和措施，做到淡季不淡？

(資料來源：王瑤. 市場營銷基礎實訓與指導 [M]. 北京：中國經濟出版社，2009)

4. 實訓過程與步驟
(1) 每個企業受領實訓任務；
(2) 必要的理論引導和疑難解答；
(3) 即時的現場控製；
(4) 任務完成時的實訓績效評價。
5. 實訓績效

```
_____實訓報告
第_____次市場營銷實訓
實訓項目：_____
實訓名稱：_____
實訓導師姓名：_____；職稱（位）：_____；單位：校內□ 校外□
實訓學生姓名：_____；專業：_____；班級：_____
實訓學期：_____；實訓時間：_____；實訓地點：_____
實訓測評：
```

評價項目	教師評價	得分	學生自評	得分
任務理解（20分）				
情景設置（20分）				
操作步驟（20分）				
任務完成（20分）				
訓練總結（20分）				

```
教師評價得分：_____  學生自評得分：_____  綜合評價得分：_____
實訓總結：
獲得的經驗：_____
_____
存在的問題：_____
_____
提出的建議：_____
_____
```

實訓項目2：方案策劃訓練——產品促銷方案策劃訓練

1. 實訓目標
(1) 能認識並實施組織分工與團隊合作；
(2) 能撰寫出符合格式要求的產品促銷活動方案；
(3) 能整理總結出產品促銷活動方案策劃課題分析報告；
(4) 能用口頭清晰地表達出產品促銷活動方案策劃實訓心得。
2. 實訓情景設置
(1) 按模擬企業分組進行；
(2) 每個企業模擬不同的促銷現場情況；

（3）一個企業在模擬市場情況時，由其他企業模擬競爭者的反應。

　　3. 實訓內容

　　為了切實擴大 GC 美妝品牌的知名度，有效提高公司產品銷售量，GC 美妝用品有限公司擬於 2 月 14 日「情人節」到來之際，策劃實施一次「GC 情人」大型促銷活動。本次促銷策劃項目設置應包括美妝諮詢、產品試用、現場銷售及美妝設計競賽等。

　　每個模擬企業試根據以上背景資料，為 GC 公司撰寫一份內容創意鮮明的「GC 情人」大型促銷活動策劃方案。

　　（資料來源：羅紹明，等. 市場營銷實訓教程［M］. 北京：對外經濟貿易大學出版社，2010）

　　4. 實訓過程與步驟

　　（1）每個企業受領實訓任務；

　　（2）必要的理論引導和疑難解答；

　　（3）即時的現場控制；

　　（4）任務完成時的實訓績效評價。

　　5. 實訓績效

_____ 實訓報告

第_____次市場營銷實訓

實訓項目：_____

實訓名稱：_____

實訓導師姓名：_____；職稱（位）：_____；單位：校內☐校外☐

實訓學生姓名：_____；專業：_____；班級：_____

實訓學期：_____；實訓時間：_____；實訓地點：_____

實訓測評：

評價項目	教師評價	得分	學生自評	得分
任務理解（20分）				
情景設置（20分）				
操作步驟（20分）				
任務完成（20分）				
訓練總結（20分）				

教師評價得分：_____　　學生自評得分：_____　　綜合評價得分：_____

實訓總結：

獲得的經驗：_____

_____

存在的問題：_____

_____

提出的建議：_____

實訓項目3：能力拓展訓練——推銷員和顧客

1. 實訓目標
（1）通過訓練提升推銷過程策劃能力；
（2）通過訓練提升面對顧客的靈活應變能力；
（3）通過訓練提升面對顧客的溝通表達能力；
（4）通過能力訓練提升面對顧客的情緒控製能力。
2. 實訓情景設置
（1）按模擬企業分組進行；
（2）每個企業模擬不同的促銷現場情況；
（3）一個企業在模擬市場情況時，由其他企業模擬競爭者的反應。
3. 實訓內容

每個模擬企業派出2人為1組，互換角色扮演推銷員與顧客，進行推銷模擬演示，其他企業及同學觀看後進行公開分析評價，並進一步歸納提煉推銷經驗與理論。

場景一：推銷員要將企業的某件商品銷售給顧客，而顧客卻不斷挑出商品的各種毛病。推銷員應該認真回答顧客的各種問題，即便是一些吹毛求疵的問題也要讓顧客滿意，不能傷害顧客的感情。

場景二：假設顧客已經將商品買了回去，但是商品在使用後出現一些小問題。顧客找上門來，要講一大堆對商品的不滿，推銷員的任務是幫助顧客解決這些問題，提高顧客的滿意度。

注意事項：推銷的商品盡量選擇推銷員自己比較熟悉的商品，推銷地點不同，接近方法也不同。具體地點由各企業自己商定，並設計推銷過程。

（張衛東. 市場營銷理論與實踐［M］. 北京：電子工業出版社，2011）

4. 實訓過程與步驟
（1）每個企業受領實訓任務；
（2）必要的理論引導和疑難解答；
（3）即時的現場控製；
（4）任務完成時的實訓績效評價。

5. 實訓績效

_____實訓報告
第_____次市場營銷實訓

實訓項目：_____
實訓名稱：_____
實訓導師姓名：_____；職稱（位）：_____；單位：校內□ 校外□
實訓學生姓名：_____；專業：_____；班級：_____
實訓學期：_____；實訓時間：_____；實訓地點：_____
實訓測評：

評價項目	教師評價	得分	學生自評	得分
任務理解（20分）				
情景設置（20分）				
操作步驟（20分）				
任務完成（20分）				
訓練總結（20分）				

教師評價得分：_____ 學生自評得分：_____ 綜合評價得分：_____
實訓總結：
獲得的經驗：_____
_____
存在的問題：_____
_____
提出的建議：_____
_____

第十章　市場營銷計劃、執行與控製實訓

實訓目標：

(1) 深入理解和應用市場營銷計劃的制訂。
(2) 深入理解市場營銷計劃的執行。
(3) 深入理解和應用市場營銷控製。

模塊 A　引入案例

盒裝王老吉推廣戰略

2005 年，「怕上火，喝王老吉」已響徹了中國大江南北，一時間喝王老吉飲料成了一種時尚，王老吉飲料成了人們餐間飲料的重要組成部分，而這句廣告語也成了家喻戶曉、路人皆知的口頭禪。

所有的光環都籠罩在紅色罐裝王老吉身上，而在這光環之外，作為同胞兄弟的綠色盒裝王老吉卻一直默默無聞。

關於綠色盒裝王老吉

涼茶是廣東、廣西地區的一種由中草藥熬制、具有清熱去濕等功效的「藥茶」。在眾多老字號涼茶中，又以王老吉涼茶最為著名。王老吉涼茶發明於清道光年間，至今已有 175 年歷史，被公認為涼茶始祖，有「藥茶王」之稱。到了近代，王老吉涼茶更隨著華人的足跡遍及世界各地。

20 世紀 50 年代初，由於政治原因，王老吉涼茶鋪分成兩支：一支完成公有化改造，發展為今天的王老吉藥業股份有限公司（以下簡稱王老吉藥業）；另一支由王氏家族的后人帶到中國香港。在中國內地，王老吉品牌歸王老吉藥業股份有限公司所有；在中國內地以外的國家和地區，王老吉品牌為王氏后人所註冊。

紅罐王老吉是香港王氏后人提供配方，經王老吉藥業特許，由加多寶公司獨家生產經營。盒裝王老吉則由王老吉藥業生產經營。

王老吉藥業以生產經營藥品為主，盒裝王老吉作為飲料，其銷售渠道、推廣方式等均與藥品千差萬別，一直以來王老吉藥業對其推廣力度有限。而在紅罐王老吉進行大規模推廣后，盒裝王老吉也主要採取跟隨策略，以模仿紅罐王老吉為主，沒有形

155

成清晰的推廣策略,銷量增長緩慢。

同為王老吉品牌,卻遭受了如此不同的待遇,著實讓盒裝王老吉的生產企業——王老吉藥業倍感焦急。

從 2004 年開始,經與加多寶公司協商,盒裝王老吉也使用「怕上火,喝王老吉」廣告語進行推廣。通過一年時間的推廣,王老吉藥業感到,盒裝王老吉以「怕上火,喝王老吉」為推廣主題不夠貼切,不能最大限度促進銷量增長。同時,王老吉藥業隱約覺得,盒裝王老吉的市場最大潛力應該來自於對紅罐王老吉的細分。如果要細分,就一定要找到盒裝王老吉與紅罐王老吉的不同點,也許是不同的價格、也許是不同的人群、也許是不同的場合……

由此,2005 年年底,王老吉藥業向其戰略合作夥伴成美營銷顧問公司提出一個課題,即「盒裝王老吉如何細分紅罐王老吉的市場,以此形成策略指導盒裝王老吉的市場推廣」。

細分紅罐王老吉,利大於弊還是弊大於利?

作為王老吉藥業的戰略顧問公司,成美專家就該課題進行了專項研究,隨著研究的展開,一個疑問油然而生,細分紅罐王老吉的市場是否真能最大限度促進盒裝王老吉的銷售?

成美從消費者、競爭者及自身三個方面進行了分析研究。

從消費者角度來看,盒裝王老吉與紅罐王老吉沒有區別,是同品牌的不同包裝、不同價格而已。雖然盒裝王老吉與紅罐王老吉是兩個企業生產的產品,但在消費者眼中它們不過是類似於瓶裝可樂和罐裝可樂的區別,只是將同樣的產品放在的不同的容器中而已,是同一個產品系列,不存在本質上的差別。而盒裝王老吉與紅罐王老吉在價格上的差異,也是因為包裝的不同而產生的。由此可見,消費者將盒裝王老吉與紅罐王老吉等同視之,如果一個品牌兩套說辭將使消費者頭腦混亂。

從產品本身來看,盒裝王老吉因包裝、價格不同,已存在特定消費群和消費場合。正由於包裝形式的不同決定盒裝王老吉與紅罐王老吉在飲用場合上也存在差異。紅罐王老吉以紅色鐵罐的「著裝」展現於人,顯得高檔、時尚,能滿足中國人的禮儀需求,可作為朋友聚會、宴請等社交場合飲用的飲料,故紅罐王老吉在餐飲渠道表現較好。盒裝王老吉以紙盒包裝出現,本身分量較輕,包裝質感較差,不能體現出檔次,無法與紅罐王老吉在餐飲渠道競爭。排除了盒裝王老吉在餐飲渠道銷售的機會,那麼在即飲(即方便攜帶的小包裝飲料,開蓋即喝)和家庭消費(非社交場合)市場是否存在機會?即飲和家庭消費市場的特點是什麼?價格低、攜帶方便,不存在社交需求。對於即飲市場,紅罐王老吉每罐 3.5 元的零售價格與市場上其他同包裝形式的飲料相比,價格相對較高,不能滿足對價格敏感的收入有限的消費人群(如學生等)。而盒裝王老吉同為「王老吉」品牌,每盒 2 元的零售價格對於喜歡喝王老吉飲料的上述人群而言,無疑是最佳選擇。家庭消費市場則以批量購買為主,在家裡喝飲料沒有講排場、面子的需求,在質量好的前提下,價格低廉成為家庭購買的主要考慮因素。盒裝王老吉同樣滿足這一需求。因此,在即飲和家庭消費市場,盒裝王老吉可作為紅罐王老吉不能

顧及到的市場的補充。

從競爭者角度來看，開拓市場的任務仍舊由紅罐王老吉承擔。預防上火飲料市場仍處於高速增長時期，該市場還有待開拓。紅罐王老吉已經牢牢占據了領導品牌的地位，成為消費者的第一選擇，開拓品類的任務，紅罐王老吉當之無愧，也只有紅罐王老吉才能夠抵擋住下火王、鄧老涼茶等其他涼茶飲料的進攻。作為當時銷量尚不及紅罐王老吉十分之一的盒裝王老吉，顯然無法承擔該重任。因此，從戰略層面來看，盒裝王老吉應全力支持紅罐王老吉開拓「預防上火的飲料」市場，自己則作為補充而坐收漁利，萬不可后院放火，爭奪紅罐的市場，最終妨礙紅罐王老吉「預防上火的飲料」市場的開拓，細分紅罐王老吉必定會因小失大，撿芝麻而丟西瓜。

綜上所述，研究表明：消費者認為盒裝王老吉與紅罐王老吉不存在區別；開拓「預防上火的飲料」市場的任務主要由紅罐王老吉承擔，盒裝王老吉不能對其進行傷害；盒裝王老吉因價格、包裝因素在即飲和家庭消費市場可作為紅罐王老吉顧及不到的市場的補充。因此，盒裝王老吉應採用的推廣戰略是作為紅罐王老吉的補充，而非細分。

理清思路，確定具體推廣策略

既然確定了盒裝王老吉是對紅罐王老吉的補充，那麼如何具體實施呢？接下來，成美對具體推廣策略進行了研究制定。

首先，明確盒裝王老吉與紅罐王老吉的差異。在此必須指出的是，該差異是指消費者所感知到的差異，而非生產企業認為的差異。消費者認為盒裝王老吉與罐裝王老吉的差異是：相同的產品，不同的包裝、價格。因此，在推廣時一定要與罐裝王老吉的風格保持一致，避免刻意強調一個是加多寶公司生產的紅罐王老吉，一個是王老吉藥業生產的盒裝王老吉，讓消費者產生這是兩個不同產品的錯覺。

其次，確定盒裝王老吉的目標消費群。如前所述，盒裝王老吉的主要消費市場是即飲市場和家庭，結合盒裝王老吉2元每盒的零售價格及紙盒形式的包裝，可以確定在即飲市場中將會以對價格敏感的收入有限的人群為主消費群，如學生、工人等。在家庭消費市場中，由於家庭主婦是採購的主力軍，因此將家庭主婦作為盒裝王老吉家庭消費的主要推廣對象。

最后，確定推廣戰略。通過系統的研究分析，最終確定盒裝王老吉的推廣要達到兩個目的：其一，要讓消費者知道盒裝老吉與紅罐王老吉是相同的王老吉飲料；其二，盒裝王老吉是紅罐王老吉的不同規格。據此，盒裝王老吉的廣告語最后確定為：「王老吉，還有盒裝。」

在具體推廣執行中，成美建議，影視廣告場景在著重表現出家庭主婦及學生為主體的消費群的同時，要強調新包裝上市的信息。平面廣告設計在徵得加多寶公司的同意後，大量借用紅罐王老吉的表現元素，以便更好地與紅罐王老吉產生關聯，易於消費者記憶。

策略制定后，王老吉藥業據此進行了強有力的市場推廣，2006年銷售額即由2005年的2億元躍至4億元，而2010年銷量已突破14億元（見表10-1）。

在現代營銷戰爭中，制定和實施成功的品牌戰略才是贏得戰爭的關鍵，而目前仍讓不少企業津津樂道的鋪貨率、強力促銷等「制勝法寶」在殘酷的市場競爭中將很快變得稀鬆平常，乏善可陳——只不過是使每個企業生存下來的必備條件而已，而制定正確的品牌戰略才是企業制勝的「根本大法」。正如世界著名營銷戰略家特勞特先生所言：「戰略和時機的選擇才是市場營銷的喜馬拉雅山，其他只是小丘陵。」

表 10-1　　　　　　　　　　盒裝王老吉歷年銷量

2003 年	2004 年	2005 年	2006 年	2007 年	2008 年	2009 年	2010 年
近 5 千萬元	8 千萬元	2 億元	4 億元	8 億元	10 億元	13 億元	14 億元

（資料來源：http://chengmei-trout.com/case_detail.aspx?id=260）

案例思考：

（1）市場營銷計劃的依據是什麼？
（2）市場營銷計劃與市場營銷戰略具有怎樣的關係？

模塊 B　基礎理論概要

一、市場營銷計劃的內涵

市場營銷計劃是指在研究目前市場營銷狀況（包括市場狀況、產品狀況、競爭狀況、分銷狀況和宏觀環境狀況等），分析企業所面臨的主要機會與威脅、優勢與劣勢以及存在問題的基礎上，對財務目標與市場營銷目標、市場營銷戰略、市場營銷行動方案以及預計損益表的確定和控製。

市場營銷計劃的內容應包括執行綱領、目前營銷狀況、威脅與機會、營銷目標、營銷策略、行動方案、預算、控製。

與市場營銷有關的企業計劃包括企業計劃、業務部計劃、產品線計劃、產品計劃、品牌計劃、市場計劃、產品（市場）計劃、職能計劃。

二、營銷計劃的制訂

制訂營銷計劃是企業根據自身所處的營銷環境，整合營銷資源，制定營銷戰略和營銷策略的過程。因此，營銷計劃包括兩個部分，即營銷戰略的制定（包括營銷戰略目標、戰略重點和實施步驟的確定）和營銷策略的制定（包括進行市場細分、選擇目標市場、產品定位和營銷組合的確定）。

（一）營銷戰略的制定

制定營銷戰略的依據是營銷環境分析。環境分析的主要目的是找出外部環境中的機會和威脅、企業內部環境中自身的優勢和劣勢。宏觀環境分析涉及國家有關經濟產

業政策；中觀環境指行業環境分析和行業競爭對手分析，這是制定企業營銷活動的關鍵因素；微觀環境分析主要包括企業基本經營狀況分析、企業具備的優勢、企業存在的弱點等。在對營銷環境進行了分析之后，就可以制定企業的營銷戰略了。

1. 企業營銷目標的確立

經過環境分析，就可以將外部機會與威脅同內部優勢與劣勢加以綜合權衡，利用優勢，把握機會，降低劣勢，避免威脅。這個過程就構成了市場營銷戰略的選擇過程。有三種提供成功機會的戰略方法可以使企業成為同行業中的佼佼者，即成本領先戰略、差別化戰略、集中化戰略。通過這三種基本戰略方法的特徵分析及企業所處行業的結構特點分析、競爭對手分析及企業具備的優劣勢、面臨的機會與威脅分析，可以確定企業自身的基本戰略模式，並可根據企業的現有條件，如市場佔有率、品牌、經銷網絡確定企業的營銷戰略目標。企業營銷戰略目標通常包括產品的市場佔有率、企業在同行業中的地位、完成戰略目標的時間。

2. 企業營銷戰略重點

通常根據企業已確定的市場營銷戰略目標結合企業的優勢，如品牌優勢、成本優勢、銷售網絡優勢、技術優勢、形象優勢確定企業的營銷戰略重點。

3. 企業營銷戰略實施步驟

為建立保持當前市場和開發新市場雙重目標，可以把企業的營銷戰略實施分為三個步驟，即可以分為短期戰略、中期戰略及長期戰略三種步驟來實施。短期戰略要點包括保持傳統市場不被擠出及擴大新市場潛入能力。中期營銷戰略要點包括擴大新市場潛入能力和開闢未來市場；開發新產品可行性；克服競爭威脅。長期市場開發戰略要點包括調整企業的產品結構和改變市場組成；預測潛在的競爭對手。

(二) 營銷策略的制定

企業的市場營銷策略制定過程是同企業的市場營銷戰略制定過程相交叉的。在企業的市場營銷戰略確定後，市場營銷策略就必須為市場營銷戰略服務，即全力支持市場營銷戰略目標的實現。市場營銷策略的制定過程包括發現、分析及評價市場機會；細分市場和選擇目標市場；市場定位；市場營銷組合；市場營銷預算。

1. 發現、分析及評價市場機會

所謂市場機會，就是市場上存在的尚未滿足的需求，或未能很好滿足的需求。尋求市場機會一般有以下幾種方法：

(1) 通過市場細分尋求市場機會。

(2) 通過產品/市場發展矩陣圖來尋找市場機會。

(3) 通過大範圍搜集意見和建議的方式尋求市場機會。

對市場機會的評價，一般包括以下工作：

(1) 評審市場機會能否成為一個擁有足夠顧客的市場。

(2) 當一個市場機會能夠成為一個擁有足夠顧客的現實市場時，要評審企業是否擁有相應的生產經營能力。

2. 細分市場和選擇目標市場

所謂細分市場，是指按照消費者慾望與需求把一個總體市場劃分成若干個具有共同特徵的子市場。因此，分屬於同一細分市場的消費者，他們的需要和慾望極為相似；分屬於不同細分市場的消費者對同一產品的需要和慾望存在著明顯的差別。細分市場不僅是一個分解的過程，也是一個聚集的過程。所謂聚集的過程，就是把對某種產品特點最易做出反應的消費者集合成群。這種聚集過程可以依據多種標準連續進行，直到識別出其規模足以實現企業利潤目標的某一個消費者群。「矩陣圖」是企業細分市場的有效方法。

在市場細分的基礎上，企業可以從中選定目標市場，同時制定相應的目標市場範圍戰略。由於不同的細分市場在顧客偏好、對企業市場營銷活動的反應、盈利能力及企業能夠或願意滿足需求的程度等方面各有特點，營銷管理部門要在精心選擇的目標市場上慎重分配力量，以確定企業及其產品準備投入哪些市場，如何投入這些市場。

3. 市場定位

目標市場範圍確定後，企業就要在目標市場上進行定位了。市場定位是指企業全面地瞭解、分析競爭者在目標市場上的位置後，確定自己的產品如何接近顧客的營銷活動。

市場定位離不開產品和競爭，所以市場定位常與產品定位和競爭性定位的概念交替使用。市場定位強調的是企業在滿足市場需要方面，與競爭者相比應處於什麼位置；產品定位是指就產品屬性而言，企業與競爭者的現有產品應在目標市場上各處於什麼位置；競爭性定位是指在目標市場上，和競爭者的產品相比企業應提供什麼樣有特色的產品。可以看出，三個概念形異實同。

4. 市場營銷組合

所謂市場營銷組合，就是企業根據可能的機會，選擇一個目標市場，並試圖為目標市場提供一個有吸引力的市場營銷組合。市場營銷組合對企業的經營發展，尤其是市場營銷實踐活動有重要作用。市場營銷組合是制定企業市場營銷戰略的基礎，它能保證企業從整體上滿足消費者的需求，是企業對付競爭者的強有力的武器。

市場營銷組合包括如下內容：

（1）產品策略是指企業為目標市場提供的產品及其相關服務的統一體，具體包括產品的質量、特色、外觀、式樣、品牌、包裝、規格、服務、保證、退貨條件等內容。

（2）定價策略是指企業制定的銷售給消費者的商品的價格，具體包括價目表中的價格、折扣、折讓、支付期限和信用條件等內容。

（3）分銷策略是指企業選擇的把產品從製造商轉移到消費者的途徑及其活動，具體包括分銷渠道、區域分佈、中間商類型、營業場所、運輸和儲存等。

（4）促銷策略是指企業宣傳介紹其產品的優點和說服目標顧客來購買其產品所進行的種種活動，具體包括廣告、人員推銷、銷售促進和公共宣傳等內容。

市場營銷組合中可以控制的產品、價格、分銷和促銷四個基本變數是相互依存、相互影響的。在開展市場營銷活動時，不能孤立地考慮某一因素，因為任何一個因素的特殊優越性並不能保證營銷目標的實現，只有四個變數優化組合才能創造最佳的市

場營銷效果。

　　5. 市場營銷預算

　　一定的市場營銷組合決策需要一定的營銷費用開支，而且總的營銷費用支出還要合理地在市場營銷組合的各種手段間進行預算分配。企業總的營銷費用預算一般是基於銷售額的傳統比率確定的。公司要分析為達到一定的銷售額或市場份額所必須要做的事以及計算出做這些事的費用，以便確定營銷費用總開支，並將營銷費用在各職能部門或各營銷手段之間進行分配。

三、市場營銷計劃書樣本

（一）執行概要和要領

　　執行概要和要領包括商標、定價、重要促銷手段、目標市場等。

（二）目前狀況

　　市場狀況：目前產品市場、規模、廣告宣傳、市場價格、利潤空間等。
　　產品狀況：目前市場上的品種、特點、價格、包裝等。
　　競爭狀況：目前市場上的主要競爭對手與基本情況。
　　分銷狀況：銷售渠道等。
　　宏觀環境狀況：消費群體與需求狀況。

（三）SWOT 問題分析

　　優勢：銷售、經濟、技術、管理、政策等方面的優勢。
　　劣勢：銷售、經濟、技術、管理、政策（如行業管制等政策限制）等方面的劣勢。
　　機會：市場機率與把握情況。
　　威脅：市場競爭上的最大威脅力與風險因素。

（四）目標

　　財務目標：公司未來 3 年或 5 年的銷售收入預測（融資成功情況下）。
　　銷售目標：銷售成本毛利率達到多少。

（五）戰略

　　定價：產品銷售成本的構成及銷售價格制定的依據等。
　　分銷：分銷渠道（包括代理渠道等）。
　　銷售隊伍：組建與激勵機制等情況。
　　服務：售后客戶服務。
　　廣告：宣傳廣告形式。
　　促銷：促銷方式。
　　研發（R&D）：產品完善與新產品開發舉措。
　　市場調研：主要市場調研手段與舉措。
　　除此之外還包括目標市場、定位、產品線。

（六）行動方案

行動方案包括活動（時間）安排。

（七）預計的損益表及其他重要財務規劃表

（略）

（八）風險控製

風險控製包括風險來源與控製方法。

對於市場競爭強烈的行業領域（如普通生活消費品的生產銷售項目），除了商業計劃書外，國際投資商一般都希望看到項目方提供的市場營銷計劃書。

四、市場營銷計劃的執行

執行市場營銷計劃是指將營銷計劃轉變為具體營銷行動的過程，即把企業的經濟資源有效地投入到企業營銷活動中，完成計劃規定的任務、實現既定目標的過程。

營銷計劃執行的過程包括制訂行動方案、建立組織結構、設計決策和報酬制度、開發人力資源、建設企業文化、市場營銷戰略實施及調整系統各要素間的關係。

五、市場營銷控製

在執行市場營銷計劃的過程中可能會出現許多意外情況，企業必須行使控製職能以確保營銷目標的實現。即使沒有意外情況，為了防患於未然，或為了改進現有的營銷計劃，企業也要在計劃執行過程中加強控製。控製市場營銷計劃包括年度計劃控製、盈利能力控製和戰略控製三種類型。

（一）年度計劃控製

年度計劃控製是指由企業高層管理人員負責的，旨在發現計劃執行中出現的偏差，並及時予以糾正，幫助年度計劃順利執行，檢查計劃實現情況的營銷控製活動。一個企業有效的年度計劃控製活動應實現以下具體目標：第一，促使年度計劃產生連續不斷的推動力；第二，使年度控製的結果成為年終績效評估的依據；第三，發現企業潛在的問題並及時予以解決；第四，企業高層管理人員借助年度計劃控製監督各部門的工作。

一般而言，企業的年度計劃控製包括銷售分析、市場佔有率分析、市場營銷費用率分析、財務分析和顧客態度追蹤等內容。

銷售分析就是要衡量並評估企業的實際銷售額與計劃銷售額之間的差異情況。

市場佔有率分析根據企業選擇的比較範圍不同，有全部市場佔有率、服務市場佔有率、相對市場佔有率等測量指標。

市場營銷費用率分析指營銷費用對銷售額的比率，還可進一步細分為人員推銷費用率、廣告費用率、銷售促進費用率、市場營銷調研費用率、銷售管理費用率等。

財務分析主要是通過一年來的銷售利潤率、資產收益率、資本報酬率和資金週轉率等指標瞭解企業的財務情況。

顧客態度追蹤指企業通過設置顧客抱怨和建議系統、建立固定的顧客樣本或者通過顧客調查等方式，瞭解顧客對本企業及產品的態度變化情況。

(二) 盈利能力控製

盈利能力控製一般由企業內部負責監控營銷支出和活動的營銷會計人員負責，旨在測定企業不同產品、不同銷售地區、不同顧客群、不同銷售渠道以及不同規模訂單的盈利情況的控製活動。盈利能力控製包括各營銷渠道的營銷成本控製、各營銷渠道的營銷淨損益和營銷活動貢獻毛收益（銷售收入-變動性費用）的分析，以及反應企業盈利水平的指標考察等內容。

營銷渠道的貢獻毛收益是收入與變動性費用相抵的結果，淨損益則是收入與總費用配比的結果。沒有嚴格的對市場營銷成本和企業生產成本的控製，企業要取得較高的盈利水平和較好的經濟效益是難以想像的。因此，企業一定要對直接推銷費用、促銷費用、倉儲費用、折舊費用、運輸費用、其他營銷費用，以及生產產品的材料費、人工費和製造費進行有效控製，全面降低支出水平。盈利能力的指標包括資產收益率、銷售利潤率和資產週轉率、現金週轉率、存貨週轉率和應收帳款週轉率、淨資產報酬率等。此外，費用支出必須要與相應的收入結合起來分析，才能瞭解企業的盈利能力。

(三) 戰略控製

戰略控製是指由企業的高層管理人員專門負責的。營銷管理者通過採取一系列行動，使市場營銷的實際工作與原戰略規劃盡可能保持一致，在控製中通過不斷的評估和信息反饋，連續地對戰略進行修正。與年度計劃控製和盈利能力控製相比，市場營銷戰略控製顯得更重要，因為企業戰略是總體性的和全局性的。而且戰略控製更關注未來，戰略控製要不斷地根據最新的情況重新估價計劃和進展，因此戰略控製也更難把握。在企業戰略控製過程中，我們主要採用營銷審計這一重要工具。

營銷審計是對一個企業或一個業務單位的營銷環境、目標、戰略和活動所進行的全面的、系統的、獨立的和定期的檢查，其目的在於決定問題的範圍和機會，提出行動計劃，以提高企業的營銷業績。一次完整的營銷審計活動的內容是十分豐富的，概括起來包括六個大的方面：營銷環境審計、營銷戰略審計、營銷組織審計、營銷系統審計、營銷生產率審計、營銷功能審計。

模塊 C　營銷技能實訓

實訓項目 1：情景模擬訓練——大海求生

1. 實訓目標

（1）能認識並實施組織分工與團隊合作；

（2）通過訓練提升實施和執行市場營銷的能力；

（3）通過訓練提升市場營銷控製能力。

2. 實訓情景設置

（1）按模擬企業分組進行；

（2）每個企業模擬不同的決策情況；

（3）一個企業在模擬市場情況時，由其他企業模擬競爭者的反應。

3. 實訓內容

在茫茫的冰海上，一艘客船觸礁沉沒，在沉沒前，有 7 個人登上了救生艇，分別是身體受傷但神志清醒的老船長、戴罪潛藏在客船上的水手、獨臂少年、未婚的孕婦、日本籍年輕女子、主持國家重大經濟項目的老專家、經驗豐富的老醫生。這 7 個人在驚恐中發現，救生艇只能承受 3 個人的重量，如果不能在 20 分鐘內決定哪 4 個人離開，小艇就會沉沒，7 個人都無法生存。

游戲規則：每個企業派出 1 人充當模擬招聘者，從其他公司派出另外 3 名同學充當模擬應聘者。3 名模擬應聘者在 10 分鐘內決定哪 3 個人留下，但條件是：3 人必須能達成一致的意見；在討論當中，不僅考察團隊結果，還要考察個人表現。模擬招聘者決定 3 名應聘者中唯一的勝出者是誰。4 名同學都要系統闡述自己做出決策的理由。各模擬企業全面討論分析各種決策體現了什麼樣的指導思想？

（資料來源：張衛東. 市場營銷理論與實踐［M］. 北京：電子工業出版社，2011）

4. 實訓過程與步驟

（1）每個企業受領實訓任務；

（2）必要的理論引導和疑難解答；

（3）即時的現場控製；

（4）任務完成時的實訓績效評價。

5. 實訓績效

```
_____實訓報告
第_____次市場營銷實訓
實訓項目：_____
實訓名稱：_____
實訓導師姓名：_____；職稱（位）：_____；單位：校內□校外□
實訓學生姓名：_____；專業：_____；班級：_____
實訓學期：_____；實訓時間：_____；實訓地點：_____
實訓測評：
```

評價項目	教師評價	得分	學生自評	得分
任務理解（20分）				
情景設置（20分）				
操作步驟（20分）				
任務完成（20分）				
訓練總結（20分）				

教師評價得分：_____ 學生自評得分：_____ 綜合評價得分：_____
實訓總結：
獲得的經驗：_____

存在的問題：_____

提出的建議：_____

實訓項目2：方案策劃訓練——市場營銷計劃創作訓練

1. 實訓目標
（1）能撰寫出符合實訓要求的市場營銷計劃；
（2）能整理總結出市場營銷計劃創作課題分析報告；
（3）能用口頭清晰地表達出市場營銷計劃創作實訓心得。
2. 實訓情景設置
（1）按模擬企業分組進行；
（2）每個企業模擬不同的市場情況；
（3）一個企業在模擬市場情況時，由其他企業模擬競爭者的反應。
3. 實訓內容

GL美妝用品有限公司經過十多年的發展，已成為中國南方地區較為知名的美妝用品企業，年銷售額達到1億元。公司生產的新型植物蛋白美妝用品富含保濕超高彈性活力分子，具有高效潤膚與持續保濕的功效，屬於國家專利產品。為擴大市場份額，

GL公司準備開拓中國北方市場，以實現企業的飛躍性發展。

請每個模擬企業在對中國美妝用品市場狀況和競爭狀況做出詳細調研的基礎上，為GL公司制訂一份開拓市場的營銷戰略計劃。

（資料來源：羅紹明，等．市場營銷實訓教程［M］．北京：對外經濟貿易大學出版社，2010）

4. 實訓過程與步驟

（1）每個企業受領實訓任務；
（2）必要的理論引導和疑難解答；
（3）即時的現場控製；
（4）任務完成時的實訓績效評價。

5. 實訓績效

```
_____實訓報告
第_____次市場營銷實訓

實訓項目：_____
實訓名稱：_____
實訓導師姓名：_____；職稱（位）：_____；單位：校內□ 校外□
實訓學生姓名：_____；專業：_____；班級：_____
實訓學期：_____；實訓時間：_____；實訓地點：_____
實訓測評：
```

評價項目	教師評價	得分	學生自評	得分
任務理解（20分）				
情景設置（20分）				
操作步驟（20分）				
任務完成（20分）				
訓練總結（20分）				

教師評價得分：_____　學生自評得分：_____　綜合評價得分：_____
實訓總結：
獲得的經驗：_____
_____
存在的問題：_____
_____
提出的建議：_____
_____

實訓項目3：觀念應用訓練——產品用途拓展

1. 實訓目標

（1）通過訓練提升進行市場營銷創新的能力；

（2）通過訓練提升創意思維能力。

2. 實訓情景設置

（1）按模擬企業分組進行；

（2）每個企業獨立提供產品用途的思路。

3. 實訓內容

確定一樣物品，可以是任何一件物品，但為了使實訓活動順利進行，最好選擇學生比較熟悉的產品，如手機、飲料等；如果是大家不十分熟悉的新產品，則要求說明其基本功能、內在原理、構成材料等。每個模擬企業發揮團隊的力量，盡量多地說出該產品的用途，並由本企業派出 1 人做好記錄。5 分鐘結束後，各企業同時派出 1 人，依次到前臺匯報其代表企業發現的用途數量，並向全班宣讀，在此期間不準做任何修改。對其他最新奇、最瘋狂、最具建設性的用途加倍計分，想法最多、最新奇的企業獲勝。

游戲規則：不許有任何批評意見，只考慮想法，不考慮可行性；鼓勵異想天開，想法越新奇、古怪越好；可以尋求各種想法的組合和改進。

（資料來源：張衛東. 市場營銷理論與實踐［M］. 北京：電子工業出版社，2011）

4. 實訓過程與步驟

（1）每個企業受領實訓任務；

（2）必要的理論引導和疑難解答；

（3）即時的現場控制；

（4）任務完成時的實訓績效評價。

5. 實訓績效

_____實訓報告
第_____次市場營銷實訓

實訓項目：_____
實訓名稱：_____
實訓導師姓名：_____；職稱（位）：_____；單位：校內□ 校外□
實訓學生姓名：_____；專業：_____；班級：_____
實訓學期：_____；實訓時間：_____；實訓地點：_____
實訓測評：

評價項目	教師評價	得分	學生自評	得分
任務理解（20分）				
情景設置（20分）				
操作步驟（20分）				
任務完成（20分）				
訓練總結（20分）				

教師評價得分：_____ 學生自評得分：_____ 綜合評價得分：_____
實訓總結：
獲得的經驗：_____
_____
存在的問題：_____
_____
提出的建議：_____
_____

國家圖書館出版品預行編目(CIP)資料

市場營銷學實訓教程/ 任文舉、邵文霞、夏玉林 主編.-- 第一版.
-- 臺北市：崧博出版：財經錢線文化發行, 2018.10
　　面；　　公分
ISBN 978-957-735-582-9(平裝)
1.行銷學
496　　107017095

書　名：市場營銷學實訓教程
作　者：任文舉、邵文霞、夏玉林 主編
發行人：黃振庭
出版者：崧博出版事業有限公司
發行者：財經錢線文化事業有限公司
E-mail：sonbookservice@gmail.com
粉絲頁　　　　　　網　址
地　址：台北市中正區延平南路六十一號五樓一室
8F.-815, No.61, Sec. 1, Chongqing S. Rd., Zhongzheng Dist., Taipei City 100, Taiwan (R.O.C.)
電　話：(02)2370-3310　傳　真：(02) 2370-3210
總經銷：紅螞蟻圖書有限公司
地　址：台北市內湖區舊宗路二段121巷19號
電　話：02-2795-3656　　傳真：02-2795-4100　　網址：
印　刷：京峯彩色印刷有限公司（京峰數位）

　　本書版權為西南財經大學出版社所有授權崧博出版事業有限公司獨家發行電子書及繁體書繁體版。若有其他相關權利及授權需求請與本公司聯繫。
定價：350元
發行日期：2018年 10 月第一版
◎ 本書以POD印製發行